"中等职业教育分析检验技术
专业系列教材"编委会

"十二五"职业教育国家规划教材

经全国职业教育教材审定委员会审定

中等职业教育分析检验技术专业系列教材

物理常数测定技术

第二版

马彦峰　曾　莉　主编

盛晓东　主审

化学工业出版社

·北京·

内容简介

物理常数测定技术是中等职业学校分析检验技术专业的一门核心课程。本教材以中等职业学校分析检验技术专业课程标准中"物理常数测定技术"课程标准为依据，以分析检验技术专业相关工作任务和岗位职业能力分析为指导，以"任务引领，学做一体"的课程设计思路为原则，根据化工生产实际和中等职业学校学生特点，结合教学实际编写。全书共分九个项目，分别介绍熔点、沸点（沸程）、密度、闪点、黏度、比旋光度、折射率、凝固点、结晶点等物理常数的测定原理及方法。每个项目中设有任务目标、任务描述、仪器与试剂准备、任务实施、安全防范、记录与处理测定数据、任务考核评价、知识拓展、任务总结、能力测试等栏目。教材内容以实践性教学内容为主，加以与检验项目有关的必要、够用的理论。教材内容图文并茂、简明扼要，实用性强。

本教材是中等职业学校分析检验技术专业的必修课教材，也可作为从事分析检验工作人员的培训教材或参考书。

图书在版编目（CIP）数据

物理常数测定技术/马彦峰,曾莉主编 . —2 版
. —北京: 化学工业出版社，2024.2（2025.5重印）
ISBN 978-7-122-44723-4

Ⅰ.①物… Ⅱ.①马…②曾… Ⅲ.①物理常
数-测量技术-中等专业学校-教材　Ⅳ.①O346.1

中国国家版本馆 CIP 数据核字（2024）第 001480 号

责任编辑：刘心怡　　　　文字编辑：段曰超　师明远
责任校对：李　爽　　　　装帧设计：关　飞

出版发行：化学工业出版社
　　　　　（北京市东城区青年湖南街 13 号　邮政编码 100011）
印　　装：三河市航远印刷有限公司
787mm×1092mm　1/16　印张 14¾　字数 252 千字
2025 年 5 月北京第 2 版第 2 次印刷

购书咨询：010-64518888　　售后服务：010-64518899
网　　址：http：//www. cip. com. cn

凡购买本书，如有缺损质量问题，本社销售中心负责调换。

定　　价：39.80 元

前言

　　《物理常数测定技术》自2016年2月出版以来，作为化学化工类中等职业学校分析检验技术专业核心课程的教材，在教学中发挥了比较积极的作用，受到了相关中等职业院校的关注和广大师生读者的肯定。

　　第二版《物理常数测定技术》秉承第一版"实用为主、够用为度、强化能力"的编写原则，吸取部分院校学者提出的合理化建议，对教材的内容进行了适当的调整和完善。比如，结合当前数字化资源发展的特征趋向，以二维码的形式附上了部分实验项目的操作视频，满足了读者在实践中的应用需求；删减了中职阶段鲜有接触的粒度、硬度、陶瓷的光泽度的测定内容，使教材进一步精简和优化。此外，教材内容不失严谨性，融入了最新国家标准和化学检验工（中级）的职业标准，可用作中等职业学校分析检验技术专业教学用书，也可作为从事检验工作人员的技能培训教材和参考书。

　　本次修订工作由沈阳市化工学校马彦峰完成。第二版的修订得到化学工业出版社的鼎力支持，江西省化工学校的陈艾霞老师也对本书的修订提出了许多宝贵建议，在此一并感谢。对于修订工作中可能存在的疏漏与不足之处，依然恳请专家与读者批评指正。在此向所有关心、支持本书的读者致以由衷的谢意！

编者

2023年11月

第一版前言

物理常数测定技术是中等职业学校工业分析与检验专业的核心课程。本教材以中等职业学校工业分析与检验专业课程标准中"物理常数测定技术"课程标准为依据，以工业分析与检验专业相关工作任务和岗位职业能力分析为指导，以"任务引领，学做一体"的课程设计思路为原则，根据化工生产实际和中等职业学校学生特点，结合教学实际编写而成。

教材在编写过程中，突出中职学校以能力为本的职业教育特点，以实践性内容为主，以与检验项目有关的"必要、够用"的理论知识为辅，用"工作任务"这一主线，整合相应的知识、技能，将要求掌握的教学内容，设计成若干项目，每个项目由若干任务组成，将理论知识融于实践中，使学生在执行任务、完成任务的过程中学习知识、掌握技能。教材中采用的测定方法大部分来自国家标准，使教材内容更贴近岗位实际，便于学生走出校门尽快实现与企业零距离接轨。

本教材在编写形式上力求做到新颖、实用。每一个项目及任务都从日常生活和化工产品的实例导入，引导学生思考，激发学生的学习兴趣；教材中使用了大量的图片，使测定方法更直观、形象、易懂；为方便引导学生自学和检查对知识技能的掌握情况，在每个任务中编有"任务目标""操作指南""任务考核评价""任务总结"等栏目；为帮助学生规范、正确地记录实验数据，每个任务中编有"数据记录与处理"表；在"知识拓展"栏目中介绍了当前物理常数测定的一些新仪器、新方法，培养学生创新能力，使学生开阔眼界，了解新知识、新技术，以满足不同地区和不同行业在分析技术方面的需求，为今后的工作和学习打下一定的基础。

本教材内容简明扼要，实用性强，可用作中等职业学校工业分析与检验专业教学用书，也可作为从事检验工作人员的技能培训教材和参考书。

本教材由马彦峰、曾莉主编，盛晓东主审。全书由九个项目、三个拓展项目组成。绪论、项目一、项目二、项目三、项目八、拓展项目一由马彦峰编写；项目四由魏鑫编写；项目五、项目六、项目七、拓展项目二由曾莉编写；项目九、拓展项目三由王坤编写。全书由马彦峰统稿。

本教材的出版和编写得到了化学工业出版社的大力支持。上海信息技术学校盛晓东主任、北京技师学院袁騉主任、本溪市化工学校姜淑敏副校长、辽宁石化职业技术学院司颐老师、沈阳第四橡胶（厂）有限公司脱锐部长、沈阳市化工学校黄宇阳老师对本教材的编写给予了大力支持和帮助，特别是江西省化学工业学校的陈艾霞老师为本书编写提供了许多宝贵的意见和建议，在此谨向所有关心和支持本书的朋友表示由衷的感谢。

由于编者水平有限，时间仓促，书中难免有疏漏和不妥之处，恳请同行与读者批评指正。本书引用了一些其他专著的资料和图表，在此谨向原作者致以崇高的敬意和感谢。

编者

2015 年 12 月

目录

绪论 ·-·-·>

思考与讨论

"物理常数测定技术"是一门什么样的课程呢?

看一看

WRR型熔点仪

密度瓶

沸点测定装置

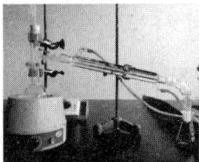
沸程测定装置

克利夫兰开口闪点试验器

液体密度计

NDJ-1型旋转黏度计

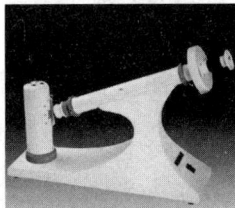
圆盘旋光仪

阿贝折射仪

石油产品凝点测定仪

全自动结晶点测定仪

洛氏硬度计

物理常数测定技术中常用仪器

一、物理常数测定技术的任务和作用

上面图中的这些测定装置和仪器是我们在物理常数测定技术这门课程的学习中将要学习使用或了解的仪器设备的一部分。

物理常数测定技术是一门实践性很强的专业课程。物理常数是有机化合物的重要特性常数，它包括熔点、沸点、沸程、密度、比旋光度、黏度、闪点、凝固点、结晶点等。物理常数测定技术的任务就是运用有机化学、分析化学、仪器分析的理论知识和检测手段，研究有机化合物的上述特性常数。在工业生产中，特别是有机化工生产中，原料、中间体和产品是否符合质量要求，常以物理常数作为质量检验的重要控制指标之一，根据物理常数可以鉴定物质、检验化合物的纯度、测定化合物的浓度等。

二、物理常数测定技术的特点

测定物理常数是获取生产信息尤其是有机化合物信息的重要途径和手段，因此信息来源的正确性和准确性显得尤为重要。所以，对物理常数测定的全过程，即从样品的采集和处理、测定方法、测定条件、使用仪器设备等都有严格规范的要求，由国家和行业有关部门颁布相应的国家标准和行业标准，作为测定工作的"法律"依据。物理常数一般都以标准规定的方法进行测定，以确保测定结果的准确性、有效性和可比性。标准规定的测定方法不是一成不变的，随着科学技术的不断发展，旧方法逐渐被新方法代替。新标准公布后，旧标准即应作废。

三、物理常数测定技术的发展趋势

随着科学技术的不断发展、检测手段不断更新，检测仪器越来越普及，物理常数测定技术也在不断地变化和发展。各种专用的检测仪器的出现，使原本复杂的测定操作变得越来越简单化。近年来随着电子计算机技术、激光技术等高新技术应用于工业分析中，使分析过程的自动化、智能化水平越来越高，未来物理常数测定技术将向更高效、快速、智能的方向发展。

随着生产领域的不断扩展，物理常数测定技术作为一种基础性的应用技术，其涉及的领域在迅速扩展。物理常数测定技术正在化工、医药、食品、新材料、生物工程、染料、橡胶、石油等领域发挥重要作用。

四、物理常数测定技术的课程目标和学习要求

物理常数测定技术是中等职业学校分析检验技术专业的一门专业核心课程，通过本课程的学习，掌握在分析检验工作中常用化合物物理常数测定的基本理论和操作技能，按照不同产品的质量检验标准（国家标准）的规定，测定产品的熔点、沸点（沸程）、凝固点、结晶点、密度、折射率、旋光度、黏度、闪点等常用物理常数，具备基本职业能力，为后续综合技能课程的学习和未来职业岗位工作奠定基础。

物理常数测定技术是一门实验学科。要学好这门课，不仅要有正确的学习态度，还要有科学的学习方法。首先，要做好必要的预习，了解测定原理、熟悉测定仪器或装置，对测定过程的关键所在做到心中有数；其次，要认真操作、仔细观察、积极思考，善于总结、掌握方法、锻炼技能；再次，遵守实验室规则，注意操作安全，增强团队意识，善于与他人合作，清洁整齐，有条不紊；最后，多去实际生产部门了解真实的工业生产情况，了解物理常数测定技术在生产实际中的具体应用，了解物理常数测定的新技术和先进的测试仪器，丰富信息量。

五、实验室基本安全守则

物理常数的测定通常都是在实验室进行的，在测定过程中，常常要接触各种化学试剂和试样，这些物质有的有毒害作用，有的易燃易爆；测定中使用的各种仪器设备、电器、机械在运行和使用中若操作不当也可能存在危险。为保证本人和周围人的安全和健康，为使测定工作顺利进行，实验者必须注意以下实验室安全事项。

1. 防止中毒

（1）实验室内禁止吸烟和吃东西，不准用实验器皿盛装食物。

（2）实验室内的试剂、试样等必须贴有明显的与内容物相符的标签。

（3）凡有有毒或有刺激性气体发生的测定，应在通风橱内进行，并要求加强个人防护。

（4）测定中产生的废液、废渣和其他废物，应集中处理，不能擅自排放。酸碱或有毒物品溅落时，应及时处理。

2. 防止着火和爆炸

（1）实验室内不得存放大量的易燃易爆物品，如乙醇、乙醚、苯类、丙酮、

汽油等有机试剂,少量易燃易爆物品应放在远离热源的地方。使用易燃易爆药品时,附近不得有明火、电炉或电源开关。

(2)加热或蒸馏可燃液体时,应使用水浴或在严密的电热板上缓慢加热,禁止直接明火加热。

3. 防止烧伤及割伤

(1)使用加热设备进行加热操作时,要做好防范工作,避免机体与热源直接接触。不要用手接触不知温度的加热器器壁。

(2)取下正在加热至沸的水或溶液时,应先停止加热,用瓶夹将其轻轻摇动后才能取下,避免由于液体接触过热的容器壁而突然迸沸溅出伤人。

(3)开启易挥发的试剂瓶(如乙醚、丙酮、浓盐酸、硝酸等)时,尤其在夏季或室温较高的情况下,应先将试剂瓶用自来水流冷却几分钟,盖上湿布再打开,开启时瓶口不要对人,最好在通风橱内进行。

(4)将玻璃棒、玻璃管、温度计插入或拔出胶塞、胶管和折断玻璃棒、玻璃管时,应垫有棉布,切不可强行插入或拔出,以免折断割伤人。

4. 安全使用水、电、煤气设备

(1)实验室停止供水、供电、供煤气时,应立即将水、电、气源开关全部关上,防止恢复供水、电、气时由于开关未关而发生事故。离开实验室时应检查门、窗、水、电、燃气是否安全。

(2)禁止用火焰在煤气管道上寻找漏气的地方。使用煤气灯时应先关风门再关燃气,无人看管时禁止使用煤气灯。

(3)严格遵守安全用电规程。不使用绝缘损坏或绝缘不良的电气设备,不准擅自拆修电器。

(4)实验室应配备足够的消防器材,并应定期检查,使其处于备用状态。实验人员应懂得其使用方法,并掌握有关的灭火知识和技能。

项目一
测定熔点

思考与讨论

冬天来临，气温不断下降，动物油脂会冻结成固体；而夏天，气温不断升高，动物油脂会融化为液体。植物油脂也会出现这种情况吗？

熔点是固体物质的重要物理常数之一。纯物质一般都具有固定的熔点，如该物质含有杂质，则其熔点往往较纯品低。通过测定化合物熔点，不仅可以定性检验化合物，鉴定其分子结构，而且可以判断物质的纯度。

GB/T 617—2006《化学试剂熔点范围测定通用方法》规定了有机物熔点测定的通用方法。测定熔点常用的方法有毛细管法（包括目视法和仪器法）和显微熔点法等。

任务一　目视法测定苯甲酸熔点

看一看

苯甲酸

人们日常生活中非常喜欢的碳酸饮料、蜜饯、葡萄酒、果酒、软糖、果酱、果汁饮料以及日常饮食必备的酱油、食醋、低盐酱菜中，常常加入一种防腐剂，以防止食品在短时间内变质。苯甲酸及其盐就是我们国家规定使用的食品防腐剂之一。苯甲酸（C_6H_5COOH）是一种白色晶体，主要用于医药、化工、食品等行业，是食品的定香剂、防腐剂和抗微生物剂。

熔点（熔点范围）是苯甲酸生产中很重要的一个技术指标，测定熔点是苯甲酸产品检验的一项重要内容。

想一想

熔点是怎么测定的呢？

任务目标 ⟶ ⟶ ⟶

1. 会安装熔点测定装置
2. 能正确选择载热体
3. 会用目视法正确测定样品熔点
4. 会进行熔点校正计算

任务描述 ⟶ ⟶ ⟶

固态物质受热时，从固态转变成液态的过程，称为熔化。在标准大气压（101325Pa）下，固态与液态处于平衡状态时的温度，就是该物质的熔点。物质从开始熔化至全部熔化的温度范围，叫作熔点范围或熔距。纯物质固、液两态之间的变化是非常敏感的，自初熔至全熔，温度变化不超过 $0.5 \sim 1℃$。混有杂质时，熔点下降，并且熔距变宽。因此，通过测定熔点，可以初步判断化合物的纯度。

其测定过程是，将试样研细装入毛细管，置于加热浴中逐渐加热，通过目视观察毛细管中试样的熔化情况。试样出现明显的局部液化现象时的温度为初熔点，试样全部熔化时的温度为终熔点。

加热升温，使载体温度上升，通过载热体将热量传递给试样，当温度上升至接近试样熔点时，控制升温速率，目视观察试样的熔化情况，当试样开始熔化时，记录初熔温度，当试样完全熔化时，记录终熔温度。

目视毛细管熔点测定法是测定熔点最常用的方法，适用于结晶或粉末状的有机物熔点的测定。它具有操作方便、装置简单的特点，因此目前实验室中仍然广泛应用这种方法。

仪器与试剂准备

目视法测定熔点所用仪器与试剂见表 1-1。

表 1-1　目视法测定熔点所用仪器与试剂清单

项　目	名　称	规　格
仪器	圆底烧瓶(或提勒管)	250mL,直径 80mm,颈长 20～30mm,口径 30mm
	内标式单球温度计	200℃,分度值 0.1℃
	辅助温度计	100℃,分度值 1℃
	试管	硬质硅硼玻璃,长 100～110mm,直径 20mm
	毛细管	内径 0.9～1.1mm,管壁厚 0.10～0.15mm,长 100mm
	橡胶塞	外侧具有出气槽
	玻璃管	长 800mm,直径 8～10mm
	电炉(或酒精灯)	500W,调压器 800W
	表面皿	直径 100mm
试剂	硅油	化学试剂
试样	苯甲酸	工业产品或化学试剂

常用的目视法毛细管熔点测定装置有双浴式和提勒管式两种,见图 1-1。

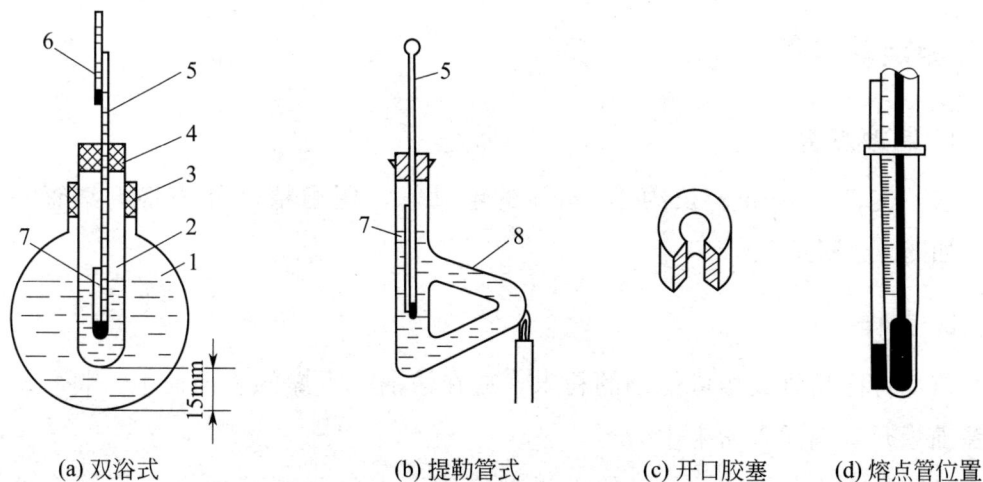

(a) 双浴式　　(b) 提勒管式　　(c) 开口胶塞　　(d) 熔点管位置

图 1-1　熔点测定装置

1—圆底烧瓶；2—试管；3,4—开口胶塞；5—测量温度计；

6—辅助温度计；7—毛细管；8—提勒管

双浴式热浴装置和提勒管式热浴装置

（1）双浴式热浴采用双载热体加热，具有加热均匀、容易控制升温速度的优点，是国家标准中规定的熔点测定装置，也是目前一般实验室测定熔点常用的装置。

（2）提勒管的支管有利于载热体受热时在支管内产生对流循环，使得整个管内的载热体能保持相当均匀的温度分布。

任务实施

操作指南

制熔点管 → 填装样品 → 选择载热体 → 选择温度计 → 安装仪器

清洗仪器整理台面 ← 平行测定两次 ← 记录数据 ← 准确测定熔点范围 ← 测定粗熔点

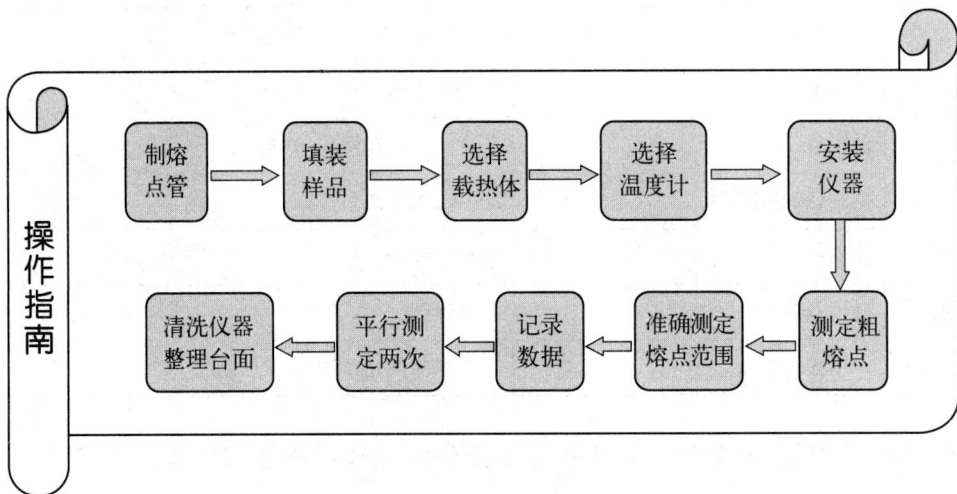

一、测定前准备

1. 制熔点管

取一支直径1mm、长约100mm的毛细管，用酒精灯外焰将毛细管一端熔封，如图1-2所示。

2. 装样

（1）将样品研成尽可能细的粉末，放在清洁、干燥的表面皿上，将一端封口的毛细管开口端插入粉末中。

（2）取一支长约800mm的干燥玻璃管，直立于玻璃板上，将装有试样的毛细管在其中投落5～6次，直到熔点管内样品紧缩至2～3mm高，如图1-3所示。

图 1-2 制熔点管

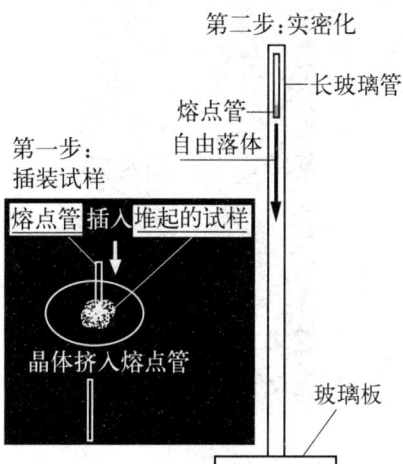

图 1-3 装样的方法

注意事项

（1）测定用的毛细管内壁要清洁、干燥，否则测出的熔点会偏低，并使熔距变宽。在熔封毛细管时应注意不要将底部熔结太厚，但要封密。

（2）装样前试样一定要研细，装入的试样量不能过多，否则熔距会变宽或使结果偏高。试样一定要装紧，疏松会使测定结果偏低。

3. 安装提勒管式测定装置

（1）将装好样品的毛细管（熔点管）按图 1-4 所示附在内标式单球温度计上（使试样层面与内标式单球温度计的水银球中部在同一高度）。

（2）按图 1-5 安装装置［双浴式装置见图 1-1(a)］，将其固定于铁架台上。

注意事项

（1）测定熔点装置中使用的胶塞均需开有出气槽，严禁在密闭容器中加热，以防止炸裂。

（2）提勒管装置中的温度计水银球应位于 b 形管上、下两支管口的中部，见图 1-6。

（3）双浴式装置中内浴试管应距烧瓶底部 15mm。见图 1-1(a)。

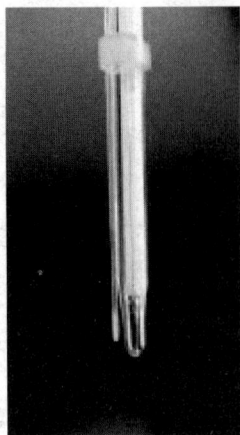

图 1-4 熔点管位置

图 1-5 提勒管式熔点测定装置

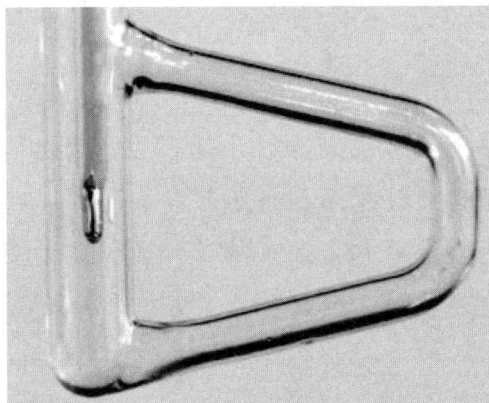

图 1-6 温度计水银球的位置

4. 选择载热体

载热体（传热体）应选用沸点高于被测物全熔温度，而且性能稳定、清澈透明、黏度小的液体。通常终熔温度在 150℃ 以下可采用甘油或液体石蜡，终熔温度在 300℃ 以上可采用硅油。常用的载热体见表 1-2。

表 1-2 几种常用的热浴载热体

载热体	使用温度范围/℃	载热体	使用温度范围/℃
液体石蜡	＜230	甘油	＜230
浓硫酸	＜220	磷酸	＜300
有机硅油	＜350	固体石蜡	270～280
7 份浓硫酸和 3 份硫酸钾混合	220～320	熔融氯化锌	300～600
6 份浓硫酸和 4 份硫酸钾混合	＜365		

如使用浓硫酸作载热体（加热介质）要特别小心，不能让有机物碰到浓硫酸（如捆绑用的橡皮筋），否则会使溶液颜色变深，有碍熔点的观察。若出现这种情

况，可加入少许硝酸钾晶体共热后使之脱色。

5．加入热载体

（1）提勒管式装置的提勒管中注入有机硅油至支管以上，使试样完全浸没在液面以下。

（2）双浴式装置烧瓶中注入约 3/4 有机硅油，并向试管中注入适量的硅油，使其液面与烧瓶内的液面在同一平面上。

小知识

有机硅油是无色透明、热稳定性较好的液体。它具有对一般化学试剂稳定、无腐蚀性、闪点高、不易着火以及黏度变化不大等优点，故被广泛使用。但是在冷却过程中，不能有水溅入，否则会出现浑浊现象。

安全防范

（1）浓硫酸具有很强的腐蚀性，若操作时不小心溅到皮肤或衣服上，应立即用大量水冲洗，尽量减少浓硫酸在皮肤上停留的时间，然后涂上 3％～5％ 的碳酸氢钠溶液（不可用氢氧化钠等强碱）。严重的应立即送往医院。若滴落在桌面上，则用布擦干即可。

（2）测定工作结束后，一定要等载热体浓硫酸冷却后方可将其倒回瓶中。温度计也要等冷却后，用废纸擦去硫酸方可用水冲洗，否则温度计极易炸裂。

二、测定粗熔点

用酒精灯或电炉加热，以 5℃/min 的速率升温，观察毛细管中试样的熔化情况，当管内样品开始塌落即有液相产生时（初熔）至样品刚好全部变成澄清液体时（终熔），记录试样完全熔化时的温度，作为试样的粗熔点。

熔点的测定

小知识

样品开始萎缩（塌落）并非熔化开始的信号，实际的熔化开始于能看到第一滴液体时，记下此时的温度；所有晶体完全消失呈透明液体时再记下这时的温度，这两个温度即为该样品的熔点范围。

三、准确测定熔点范围

（1）另取一支毛细管，按上述方法填装好试样，待热浴冷却至粗熔点下20℃时，放于测定装置中。将辅助温度计附于内标式温度计上，使其水银球位于内标式温度计水银柱外露段（载热体液面与粗熔点示值间）的中部，见图1-7。

（2）加热升温，使温度缓缓上升至低于粗熔点10℃，控制升温速率为$(1.0\pm0.1)℃/min$，如所测的是易分解或易脱水样品，则升温速率应保持在3℃/min。试样出现明显的局部液化现象时（见图1-8）的温度即为初熔温度，试样完全熔化时（见图1-9）的温度即为终熔温度。记录初熔和终熔时的温度值。

图1-7　辅助温度计位置　　　　图1-8　初熔现象　　　　图1-9　终熔现象

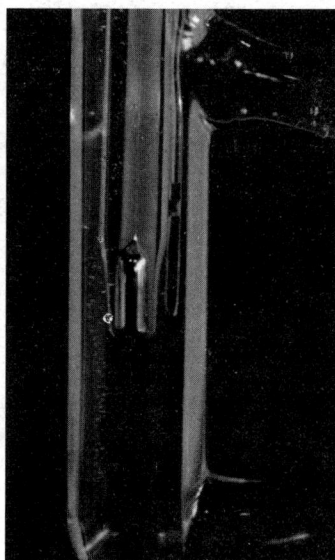

小知识

　　熔点的测定至少要有两次重复的数据，每一次测定都必须用新的熔点管，重装样品，不能重复使用。因为有些化合物熔化时会产生部分分解或结晶状态而使熔点改变。

（1）在测定过程中要控制好升温速率，不宜过快或过慢。升温太快往往会使测出的熔点偏高。升温速率越慢，温度计读数越精确，但对于易分解和易脱水的试样升温速率太慢，会使熔点偏低。一般情况是，开始升温时速率控制在 $5\sim6℃/min$，接近该样品熔点时，升温速率要控制在 $1\sim2℃/min$，对未知物熔点的测定，第一次可快速升温，测定大概的熔点。

（2）测定工作结束，载热体冷却后方可倒回容器中。温度计也要冷却后，用纸擦去载热体后方可用水冲洗，否则温度计极易炸裂。

记录与处理测定数据

测定数据及处理结果记录于表 1-3 中。

表 1-3　数据记录与处理

样品名称		测定项目		测定方法	
测定时间		环境温度		合作人	
测定次数		I		II	
观测值 $t_1/℃$		初熔点	终熔点	初熔点	终熔点
温度计水银柱外露段高度 h(用℃表示)					
辅助温度计读数 $t_2/℃$					
温度计示值校正值 $\Delta t_1/℃$					
温度计水银柱外露段校正值 $\Delta t_2/℃$					
计算公式					
熔点范围/℃					
熔点范围平均值/℃					
相对平均偏差/‰					
文献值(或参考值)/℃					

想一想

如何获得准确的测定结果？

熔点是通过温度计直接读取的，温度读数的准确与否，是影响熔点测定准确度的关键因素。在测定熔点时，为得到准确的测定结果，必须对熔点测定值进行温度校正。

1. 温度计示值校正

用于测定的温度计，使用前必须用标准温度计进行示值误差的校正。

（1）将测定温度计和标准温度计的水银球对齐并列放入同一热浴中。

（2）缓慢升温，每隔一定读数同时记录两支温度计的数值，作出升温校正曲线。

（3）缓慢降温，制得降温校正曲线。若两条曲线重合，说明校正过程正确，此曲线即为温度计校正曲线，如图1-10所示。

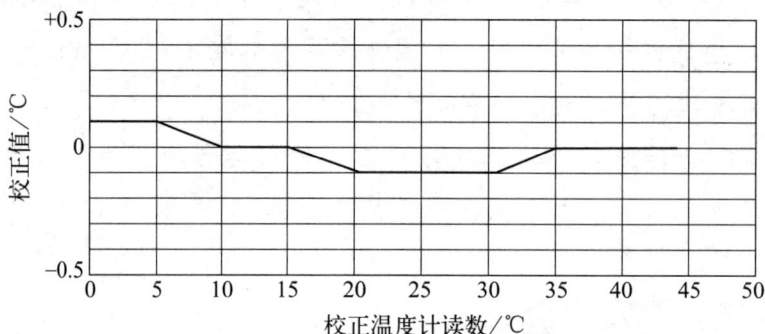

图1-10　温度计校正曲线

（4）在此曲线上可以查得测定温度计的示值校正值 Δt_1，对温度计示值进行校正。

2. 温度计水银柱外露段校正

在测定熔点时，若使用的是全浸式温度计，那么露在载热体表面上的一段水银柱，由于受空气冷却影响，所示出的数值一定比实际上应该具有的数值低。这种误差在测定100℃以下的熔点时是不大的，但是在测定200℃以上的熔点时，可达到3～6℃，对于这种由温度计水银柱外露段所引起的误差的校正值可用下式来计算。

$$\Delta t_2 = 0.00016 \times (t_1 - t_2)h \tag{1-1}$$

式中　Δt_2——温度计水银柱外露段校正值，℃；

　0.00016——玻璃与水银膨胀系数的差值；

　　t_1——主温度计读数，℃；

　　t_2——水银柱外露段的平均温度，由辅助温度计读出，℃；

　　h——主温度计水银柱外露段的高度（用摄氏度表示），℃。

3. 校正后的熔点 t

$$t = t_1 + \Delta t_1 + \Delta t_2 \tag{1-2}$$

式中　t——校正后的熔点，℃；

　　t_1——主温度计读数，℃；

　　Δt_1——温度计示值校正值，℃；

　　Δt_2——温度计水银柱外露段校正值，℃。

考核内容	序号	考核标准	分值	得分
测定准备	1	仪器选择正确(测量温度计、辅助温度计量程、分度值;胶塞有出气槽)	5	
	2	载热体选择正确	2	
	3	毛细管熔封正确	5	
仪器安装	4	从下到上的顺序	5	
	5	测量温度计、辅助温度计位置,毛细管位置	5	
	6	内浴试管位置正确,距烧瓶底 15mm	5	
测定步骤	7	装样正确,填实高度 2~3mm	3	
	8	升温速率正确,近熔点时不超过 1℃/min	5	
	9	熔点观测正确	5	
	10	再次测定使用新的毛细管	5	
	11	再次测定将载热体冷却至样品熔点 20℃以下	5	
	12	样品平行测定两次	5	
测后工作及团队协作	13	按与安装相反的顺序拆卸仪器	5	
	14	仪器清洗、归位	2	
	15	药品、仪器摆放整齐	2	
	16	实验台面整洁	1	
	17	分工明确,各尽其职	5	
数据处理及测定结果	18	及时记录数据,记录规范、无随意涂改	5	
	19	校正计算正确	5	
	20	测定结果与标准值比较≤±1.0℃	10	
	21	相对平均偏差≤1.3%	10	
考核结果				

知识拓展

一、熔点与分子结构的关系

熔点与分子结构的关系可以归纳为以下经验规律。

(1) 同系物中,熔点随分子量的增大而增高,但是以下几种情况应该注意。

① 在含多元极性官能团的同系列化合物中,—CH_2—增多,熔点反而相对降低。这是由于极性基团之间有较强的作用力,引入—CH_2—原子团后,分子量虽然增大,但却减弱了这种作用力。

② 随着碳链的增长，特性官能团的影响效应逐渐减弱，所以在同系列中高级成员的熔点趋近于同一极限。

③ 有些同系列化合物，如二元脂肪族羧酸、二酰胺、二羟醇、烃基代丙二酸及酯等类化合物中，随着分子量的增大有熔点交替上升的现象。一般含偶数碳原子的化合物熔点较高，含奇数碳原子的化合物熔点较低。

（2）分子中引入能形成氢键的官能团后，熔点也会升高，形成氢键的概率越大，熔点越高。所以，羧酸、醇、胺等总是比其母体烃的熔点高。

（3）分子结构越对称，越有利于排成有规则的晶格，有更大的晶格力，所以熔点越高。

二、通过测定纯化合物的熔点进行温度校正

如果没有标准温度计，可通过测定纯化合物的熔点来进行校正。常用于温度计校正的化合物见表1-4。

表1-4　几种测定熔点常用的纯化合物

化　合　物	熔点/℃	化　合　物	熔点/℃
水-冰	0	脲	132.8
环己醇	25.45	水杨酸	158.3
薄荷醇	42.5	琥珀酸	182.8
二苯酮	48.1	蒽	216.2
对硝基甲苯	51.65	邻苯二甲酰亚胺	233.5
萘	80.25	对硝基苯甲酸	241.0
乙酰苯胺	114.2	酚酞	265.0
苯甲酸	122.4	蒽醌	286.0

校正方法

（1）选择数种已知熔点的纯化合物为标准，测定它们的熔点。

（2）以观察到的熔点为纵坐标，以文献值为横坐标，画成曲线，如图1-11所示。

（3）在纵坐标上找到测定值，由曲线上找到对应的横坐标值，即为校正后的熔点值。

这个方法的优点是简便，可以同时校正温度计外露段的误差和温度计的示值误差。因此，用该方法测得的熔点，不需再做任何校正。但是用这种方法测定熔点时，操作条件必须相同或尽可能一致，而且每间隔一定时间（如半年）要重新绘制熔点校正曲线。

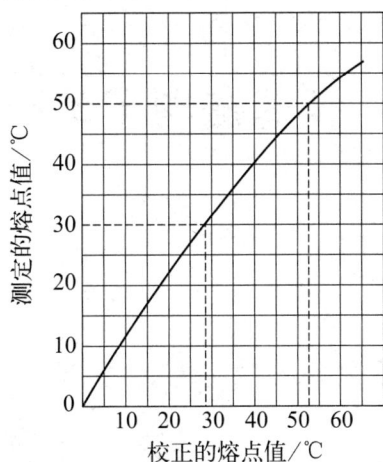

图 1-11　熔点校正曲线

三、苯甲酸生产技术指标

GB/T 1901《食品添加剂苯甲酸》规定了苯甲酸的技术要求，见表1-5。

表 1-5　苯甲酸技术要求

指标名称	工业级 Q/TALH	食品级 GB/T 1901
含量(干基计)	≥98%	≥99.5%
熔距	121～124℃	121～123℃
易氧化物	—	通过试验
易碳化物	—	通过试验
氯化物	—	≤0.014%
重金属(以 Pb 计)的质量分数	—	≤0.001%
硫化残渣	—	—
砷(以 As 计)的含量	—	≤2mg/kg
邻苯二甲酸	—	≤0.0002%
干燥失重	—	≤0.5%
白度	—	符合规定

任务总结

知识点

➢ 熔点、熔矩概念；影响因素；测定意义

➢ 测定原理

➢ 熔点测定方法

➢ 载热体选择

➢ 熔点校正方法

技能点

➢ 仪器选择（温度计、胶塞）

➢ 载热体选择

➢ 装样

➢ 测量温度控制

➢ 熔点观测

➢ 熔点校正

任务二 仪器法测定苯甲酸熔点

看一看

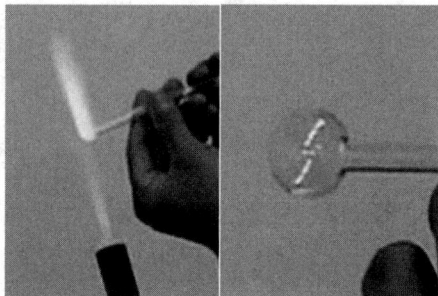

熔点对生产的意义

人们日常生活中喜爱的黄金饰品，是将经过各种选矿方法生产出的精金矿粉放入炼金炉中熔化去除杂质，生产出液态纯金后注入模具成型；实验室使用的各种玻璃器皿，是将玻璃砂加热熔融后，吹制成各种形状的器皿，这些都是温度达熔点时物质相态发生变化的应用。

想一想

毛细管法测定熔点，除了采用双浴式和提勒管式装置，还有没有其他的测定仪器呢？

任务目标 ·▷·▷·▷

1. 了解熔点仪构造、作用原理
2. 学会熔点仪的使用方法
3. 会用熔点仪测定样品熔点
4. 能对仪器进行简单的保养和维护

任务描述 ·▷·▷·▷

在有机化学领域中，熔点测定是辨认物质本性的基本手段之一，也是纯度测定的重要方法之一。熔点仪在化学工业、医药研究中具有重要地位，是在药物、香料、染料及其他有机晶体物质生产中，产品检测的必备仪器。

目前广泛使用的有按照药典标准设计的熔点仪（如 WRR 型熔点仪）、数字熔点仪（如 WRS 系列熔点仪）和比较先进的显微熔点仪。

本任务使用 WRR 型熔点仪测定苯甲酸熔点。

该仪器采用毛细管作样品管，在一个油浴循环管中，通过高倍率放大镜观察毛细管内样品的熔化过程，温度检测采用直接插入油浴管中贴近毛细管底部的铂电阻作检测元件，当观察到样品开始熔化时，按一下初熔键，初熔即被存储并显示；当观察到样品完全熔化呈透明时，按一下终熔键，终熔即被存储并显示。见图 1-12。

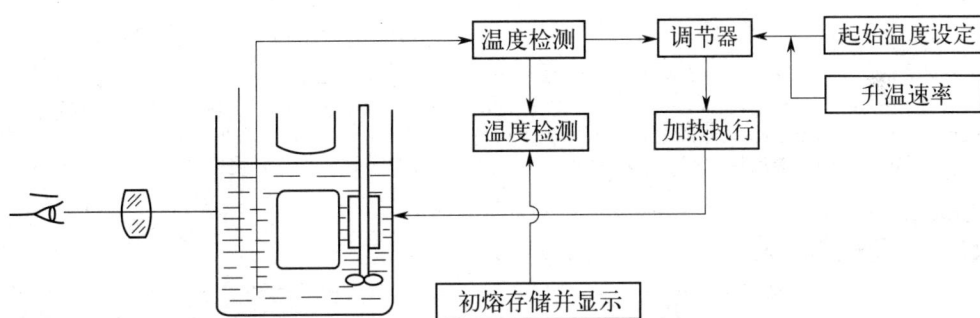

图 1-12　WRR 型熔点仪工作原理

熔点仪具有操作简便、熔点测定清晰直观、精度和可靠性高的特点，是制药、化工、染料、香料、橡胶等行业理想的熔点检测仪器。

仪器与试剂准备

熔点仪测定苯甲酸熔点所用仪器与试剂见表 1-6，WRR 型熔点仪构造见图 1-13。

表 1-6　熔点仪测定熔点所用仪器与试剂清单

项　目	名　称	规　格
仪器	熔点仪	熔点测定范围室温至 280℃
	标准毛细管	内径 0.9～1.1mm，管壁厚 0.1～0.15mm，长 80mm
	玻璃管	长 800mm，直径 8～10mm
	表面皿	直径 100mm
试剂	甲基硅油	仪器要求型号
试样	苯甲酸	工业产品或化学试剂

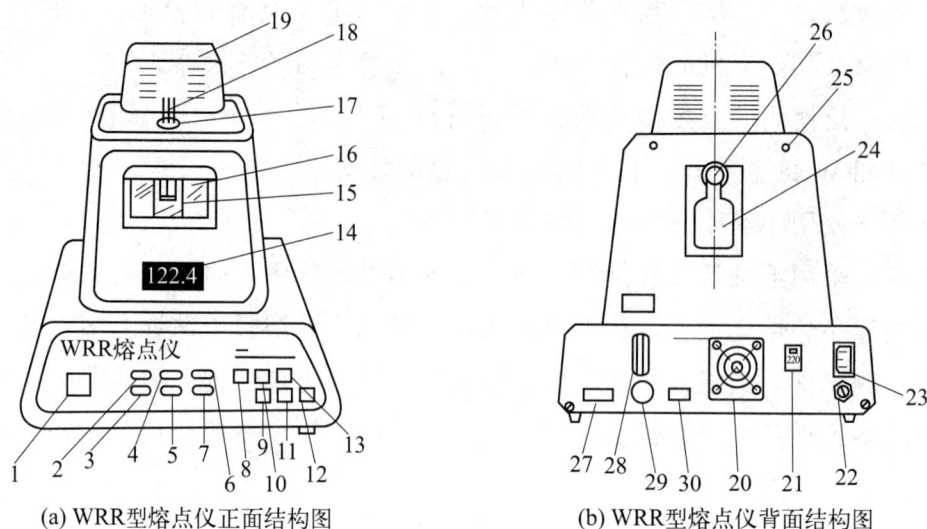

(a) WRR型熔点仪正面结构图　　　　　　(b) WRR型熔点仪背面结构图

图 1-13　WRR 型熔点仪结构示意图

1—电源开关键；2—初熔 1；3—终熔 1；4—初熔 2；5—终熔 2；6—初熔 3；7—终熔 3；8—升温；9—←；
10—→；11——；12—预置；13—+；14—液晶显示区域；15—观察窗；16—观察屏；17—毛细管插入口；
18—毛细管；19—顶盖；20—散热风扇；21—电源电压选择开关；22—熔丝座；23—电源插座；24—溢油瓶；
25—调节螺钉；26—溢出口；27—显示插座；28—内部功能调节器；29—铂电阻插座；30—加热插座

任务实施 ········ ⫸ ⫸

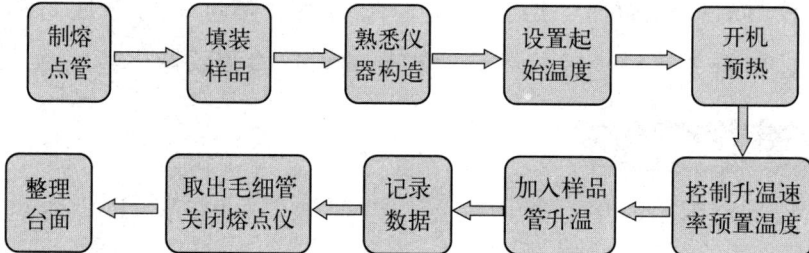

一、测定前准备

1. 样品准备

取一支直径标准的毛细管，按任务一所示方法制备熔点管、填装样品。

2. 仪器准备

熟悉熔点仪构造、掌握熔点仪使用方法。

WRR 型熔点仪实物图见图 1-14、图 1-15。

图 1-14　WRR 型熔点仪正面图　　　　图 1-15　WRR 型熔点仪背面图

> **注意事项**
>
> （1）仪器应在通风干燥的室内使用，切记不要沾水，防止受潮。
>
> （2）仪器经过长期使用后如果油质发生变化，应重新调换硅油。
>
> （3）样品必须按要求焙干，在干燥和洁净的研钵中碾碎，用自由落体敲击毛细管，使样品填装结实；填装高度应一致，以确保测定结果的一致性。

3. 调换硅油

仪器经过长期使用后，如果油质发生变化，则应重新调换硅油。调换硅油的方法如下。

（1）关闭电源，使油浴管冷却。

（2）卸下油浴管。

① 取下溢油瓶，卸下侧板。

② 将手伸进仪器箱体内，一手托住油浴管，一手拉下弹簧，转动，然后竖直向下再水平取出油浴管。

（3）清洗油浴管。

（4）按卸下油浴管相反次序把油浴管装入仪器内。油浴管装卸示意图见图 1-16。

（5）重新注入硅油。用注射器吸取硅油 10mL，从溢出口注入，重复六次，共需注入 60mL，然后将溢油瓶套在溢出口上。

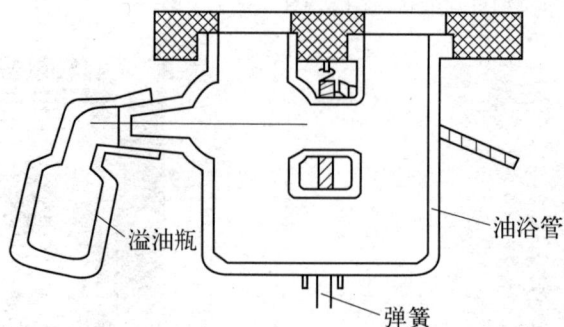

图 1-16　油浴管装卸示意图

溢油瓶

油浴管

弹簧

二、熔点测定

（1）设置起始温度。通过按键输入所需要的起始温度，设置的起始温度应低于待测物质的熔点（不大于 280℃）。

（2）开机预热。选择升温速率、预置温度，机器预热 20min，温度稳定。

小知识

线性升温速率不同，测定结果也不一致。通常升温速率越大，读数值越高。应根据线性升温速率设置起始温度。如线性升温速率选 0.5℃/min，起始温度应低于熔点 3℃；线性升温速率选 1℃/min，起始温度应低于熔点 3～5℃；线性升温速率选 1.5℃/min，起始温度应低于熔点 6～10℃；线性升温速率选 3℃/min，起始温度应低于熔点 9～15℃。

（3）将装有待测物质的毛细管从毛细管插入口内的小孔中置入油浴管中，按升温键，仪器进入匀速升温阶段。至液晶显示区域出现三根毛细管的初熔和终熔温度，分别按下相应键盘，记录三根毛细管初熔温度、终熔温度和三根毛细管初熔温度平均值、终熔温度平均值。

（4）测量结束，取出毛细管，关闭机器电源。

注意事项

（1）毛细管插入仪器前应用软布将外面的物质清除，以免把油浴弄脏。

（2）插入与取出毛细管时，必须小心谨慎，避免断裂。

（3）观察窗放大镜应保持清洁，油浴管也应保持清洁，以免把油浴弄脏。

使用中如遇毛细管断裂，应先关掉电源，待炉子冷却后打开上盖，把断裂的毛细管取出；如果断裂的毛细管落入油浴管中，则用前面介绍的卸下油浴管的方法卸下油浴管，取出毛细管，然后装入仪器内。

安全防范

（1）为防止起火或触电事故，机器周围应保持干燥；机内有危险的高压配件，不能随意打开机盖。

（2）仪器工作时机盖范围内将产生高温，当心烫伤。

（3）拔电源插头时，不要直接拉拔电源线，以防拉断。

记录与处理测定数据

测定数据及处理结果记录于表1-7中。

表 1-7　数据记录与处理

样品名称			测定项目		仪器型号	
测定日期			环境温度		合作人	
毛细管编号			Ⅰ	Ⅱ	Ⅲ	
初熔点/℃	测定值					
	平均值					
终熔点/℃	测定值					
	平均值					
熔点范围/℃						
相对平均偏差/%						
文献值（或参考值）/℃						

任务考核评价

考核内容	序号	考核标准	分值	得分
样品准备	1	毛细管熔封正确	5	
	2	装样正确,填实高度2~3mm	5	
	3	毛细管中样品填实高度一致	5	

考核内容	序号	考核标准	分值	得分
仪器准备	4	熟悉仪器构造	2	
	5	会使用仪器	5	
测定步骤	6	起始温度设置正确	5	
	7	升温速率选择正确,不超过 3℃/min	5	
	8	机器预热正确,20min	5	
	9	毛细管插入仪器正确,无断裂	5	
	10	初熔点读数正确	5	
	11	终熔点读数正确	5	
	12	平均值读数正确	5	
测后工作及团队协作	13	取出毛细管正确,无断裂	5	
	14	关机正确	5	
	15	药品、仪器摆放整齐	2	
	16	实验台面整洁	1	
	17	分工明确,各尽其职	5	
数据处理及测定结果	18	及时记录数据,记录规范、无随意涂改	5	
	19	测定结果与标准值比较≤±1.0℃	10	
	20	相对平均偏差≤1.3%	10	
考核结果				

📖 **知识拓展**

一、显微熔点测定法

除利用毛细管法测定熔点外,现在实验室越来越多使用显微熔点测定仪来测定熔点,见图 1-17、图 1-18。

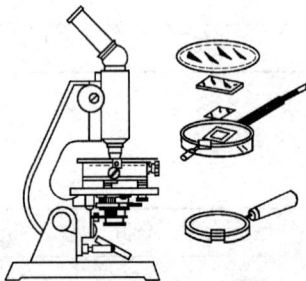

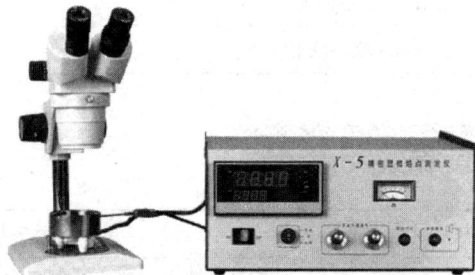

图 1-17　显微熔点测定仪示意图　　图 1-18　显微熔点测定仪

显微熔点测定仪是一个带有电热载物台的显微镜。利用可变电阻，使电热装置的升温速率可随意调节。将校正的温度计插在侧面的孔内。测定熔点时，通过放大倍数的显微镜来观察。用这种仪器来测定熔点具有下列优点：能直接观察结晶在熔化前与熔化后的一些变化；测定时，只需要几颗晶体就能测定，特别适用于微量分析；能看出晶体的升华、分解、脱水及由一种晶形转化为另一种晶形；能测出最低共熔点等。这种仪器也适用于"熔融分析"即对物质加热、熔化、冷却、固化及其与参考试样共熔时所发生的现象进行观察，根据观察结果来鉴定有机物。但该仪器较复杂，一般工厂实验室还常用毛细管法测熔点。

二、几种新型熔点测定仪

1. 数字熔点仪

数字熔点仪采用光电检测、液晶显示等技术，具有初熔、终熔自动显示等功能。温度系统应用了线性度高的铂电阻作检测元件，提高了熔点测定的精度及可靠性。仪器工作参数可自动储存，具有不需人工监视而自动测量的功能。数字熔点仪采用毛细管作样品管。几种不同型号的数字熔点仪见图1-19～图1-21，WRS系列数字熔点仪整体视图见图1-22。

图1-19　WRS-1B熔点仪

图1-20　WRS-1C熔点仪

物质在结晶状态时反射光线，在熔融状态时透射光线。因此，物质在熔化过程中随着温度的升高会产生透光度的跃变。图1-23为典型的熔化曲线（温度-透光度曲线）。

数字熔点测定仪采用光电方式自动检测熔化曲线的变化。当温度达到初熔点和终熔点时，显示初熔温度及终熔温度，并保存至测下一样品。

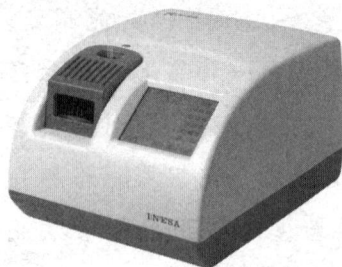

图 1-21　WRS-3 熔点仪

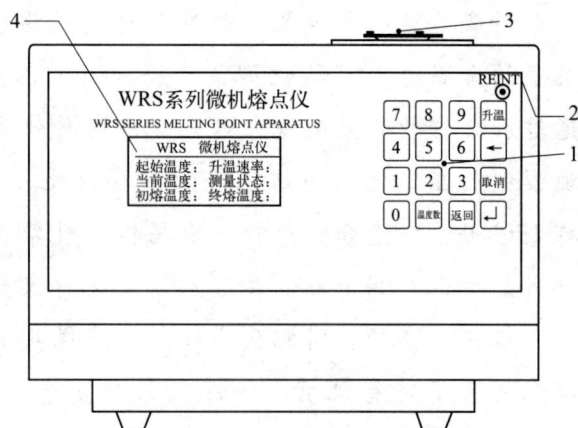

图 1-22　WRS 系列数字熔点仪整体视图

1—键盘；2—复位键；3—毛细管插口；4—液晶显示

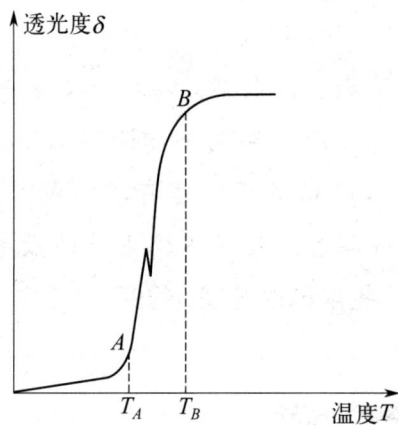

图 1-23　熔化曲线

主要技术参数

（1）熔点测量范围　室温至 320℃。

（2）"起始温度"设定时间　3～5min。

（3）"起始温度"设定示值误差　±0.1℃。

（4）温度数显最小示值　0.1℃。

（5）线性升温速率　0.2℃/min、0.5℃/min、1℃/min、1.5℃/min、2℃/min、3℃/min、4℃/min、5℃/min 8 挡。

（6）线性升温速率误差　不大于设定值的 1%。

（7）测量示值误差　小于 200℃ 范围内：±0.5℃；200～320℃ 范围内：±0.8℃。

（8）重复性　升温速率为 0.2℃/min 时，0.2℃；升温速率为 1.0℃/min 时，0.3℃。

（9）标准毛细管尺寸　外径 1.4mm；内径 1.0mm。

（10）样品填装高度　3mm。

（11）电源　（220±22）V，80W，50/60Hz。

2. SGW X-4 显微熔点仪

如图 1-24。可用载玻片方法测定物质的熔点、变形、色变等；也可用药典规定的毛细管方法测其熔点，尤其对深色样品，如医药中间体、颜料、橡胶促进剂等的熔点，并能自始至终观察到其熔化的全过程。目视显微熔点仪是研究、观察物质在加热状态下的形变、色变及物质三态转化等物理变化过程的有力检测手段。

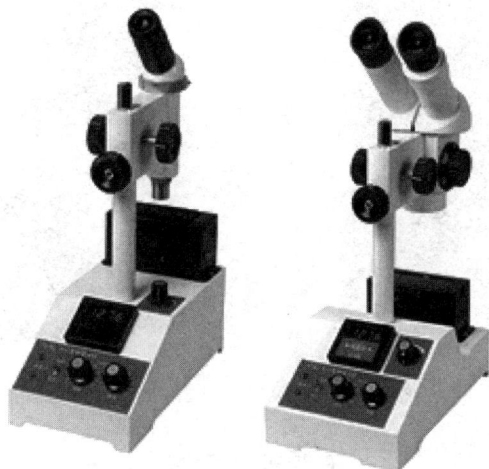

图 1-24　SGW X-4 显微熔点仪

主要技术参数

（1）显微镜　采用 4 倍物镜，10 倍目镜。

（2）测量范围　室温至 360℃。

（3）测量精密度　室温至 200℃ 的误差为 ±1℃；200～300℃ 的误差为 ±2℃。

（4）电源　200V，AC，50Hz，80W。

3. RDY-2B 显微熔点仪

RDY-2B 显微熔点仪（图 1-25）用于制药、化工、纺织、橡胶、燃料等行业的生产检验及科研单位、大专院校化学专业对晶体熔点、相态转化的测定、分析和研究。其特点如下。

（1）加热台采用国内领先的埋入式陶瓷远红外辐射发热技术，具有发热均匀、耐腐蚀性强、使用寿命长、绝缘性好等优异性能。

（2）温度传感装置选用了特种进口高温胶直接将感应温度的铂热电阻和不锈钢工作台面粘接在一起，因而具有控温精度高、结构简单、耐腐蚀性强等特点。

（3）控温采用了液晶显示，PID自整式定时报警单片计算机技术的面板式控温仪，以防止因试验完成后忘关电源而造成加热台完全干烧，具有自动控温、控温精度高等特点。

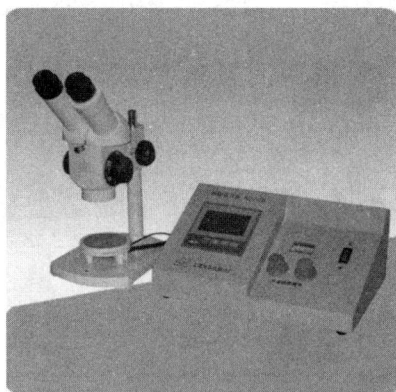

图 1-25　RDY-2B 显微熔点仪

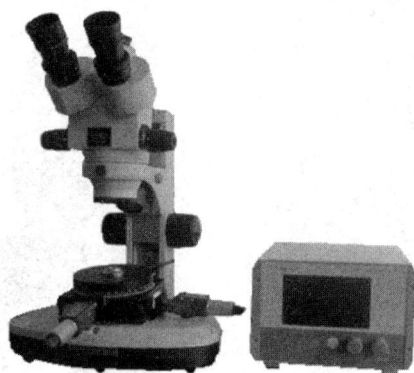

图 1-26　精密光学熔点仪 RD-8A

主要技术参数

（1）显微镜放大倍数　4×、6.3×、10×、16×、25×、40×、63×、100×。

（2）测量范围　50～320℃。

（3）测量精度　1%。

（4）最小分度值　0.1℃。

（5）测量值　≤1mg。

（6）传感器　PT-100。

（7）电源　AC，220V，50Hz。

（8）使用环境　温度0～40℃，相对湿度45%～85%RH。

4. 精密光学熔点仪 RD-8A

精密光学熔点仪 RD-8A（图1-26）为医药、化工、纺织、橡胶等方面的生产化验、检验，高等院校化学系等部门对单晶或共晶等有机物质的分析，工程材料和固体物理的研究，观察物体在加热状态下的形变、色变及物体的三态转化等物理变化的过程提供了有利的熔点测定装置。

主要技术参数

(1) 测定温度范围　室温至 350℃。

(2) 工作方式　连续。

(3) 精度（测量精度）　全范围≤±1%。

(4) 波动率　±2℃。

(5) 最大升温速率（MAX 位）　室温至 100℃ ≤40s。

(6) 可设置最慢升温速率　36s/℃，达 400℃ 时间：4h。

(7) 可设置升温速率范围　36s/℃～MAX，即刻恒温。

(8) 响应时间　≤0.01s。

任务总结

知识点

➢ 仪器构造

➢ 测定原理

➢ 测定方法

技能点

➢ 装样品

➢ 仪器使用

➢ 起始温度设置

➢ 升温速率选择

➢ 样品熔点测定

➢ 调换硅油

能力测试

一、填空题

1. 毛细管法测定熔点，一般都使用_____加热，所用的仪器有_____和_____。

2. 物质开始熔化至全部熔化的温度范围称作_____；被测样品中含有的杂质越多，则_____越宽。

3. 如果物质中含有杂质，则熔点往往较纯物质_____，而熔距也较_____。

4. 毛细管熔点测定法适用于_____或_____的有机试剂熔点的测定。

5. 熔点仪法测定苯甲酸熔点时，加热升温，使温度缓缓上升至_____，控制升温速率为_____，如所测的是易分解或易脱水样品，则升温速率应保持在_____。当试样出现明显的局部液化现象时的温度即为_____，当试样完全熔化时的温度即为_____。

6. 显微熔点测定仪是一个_____的显微镜。利用_____使电热装置的_____可随意调节。将_____插在侧面的孔内。测定熔点时，通过_____来观察。

二、选择题

1. 熔点与熔距是（　　）化工产品检验中经常测定的指标。

A. 无机　　　　　　　B. 有机固体　　　　　C. 有机液体　　　　D. 气体

2. 测定熔点的方法有（　　）。

A. 目视毛细管法　　B. 仪器法　　　　　　C. 蒸馏法　　　　　　D. 分馏法

3. 测熔点时，火焰加热的位置（　　）。

A. b 形管底部　　　　　　　　　　　B. b 形管两支管交叉处

C. b 形管上支管口处　　　　　　　　D. 任意位置

4. 测熔点时，温度计水银球的位置（　　）。

A. b 形管底部　　　　　　　　　　　B. b 形管两支管中间处

C. 液面下任意位置　　　　　　　　　D. 液面上任意位置

5. 测熔点时，橡皮圈位置（　　）。

A. 液面下　　　　　B. 液面上　　　　　C. 任意位置

6. 下列说法中错误的是（　　）。

A. 熔点是指物质的固态与液态共存时的温度

B. 纯化合物的熔程一般介于 0.5～1℃

C. 测熔点是确定固体化合物纯度的方便、有效的方法

D. 初熔的温度是指固体物质软化时的温度

7. 下列说法中正确的是（　　）。

A. 杂质使熔点升高，熔距拉长

B. 用石蜡油作热浴，不能测定熔点在 200℃ 以上的物质

C. 毛细管内有少量水，不必干燥

D. 用过的毛细管可重复使用

8. 熔距（熔程）是指化合物（　　）温度的差。

A. 初熔与终熔　　　　B. 室温与初熔　　　　C. 室温与终熔　　　　D. 文献熔点与实测熔点

9. 毛细管法测熔点时，使测定结果偏高的因素是（　　）。

A. 样品装得太紧　　　　　　　　　　B. 加热太快

C. 加热太慢　　　　　　　　　　　　D. 毛细管靠壁

10. 国家标准中规定的测定熔点的装置是（　　）。

A. 提勒管式熔点测定仪　　　　　　　　B. 双浴式熔点测定仪

11. 在测定熔点时，若样品的终熔温度在150℃以下，不能选用的载热体是（　　）。

A. 甘油　　　　　　　B. 液体石蜡　　　　　C. 水　　　　　　　D. 硅油

12. 化合物的熔点是指（　　）。

A. 常压下固液两相达到平衡时的温度

B. 任意常压下固液两相达到平衡时的温度

C. 在标准大气压下，固液两相达到平衡时的温度

三、判断题

1. 实验室测得的熔点范围，实际上就是该物质的熔点。　　　　　　　　（　　）

2. 每一纯物质都有固定的熔点和凝固点，但两者一定不相同。　　　　　（　　）

3. 测定有机物的熔点时，熔点管可以反复使用。　　　　　　　　　　　（　　）

4. 熔点仪经过长期使用后，如果油质发生变化，则应重新调换硅油。　　（　　）

5. 毛细管插入仪器前应用软布将外面的物质清除，以免把油浴弄脏。　　（　　）

四、简答题

1. 简述目视法和仪器法测定熔点的相同点和不同点。

2. 将已测过熔点的毛细管冷却，待样品固化后能否再用作第二次测定？为什么？

3. 测熔点时样品为什么要研细、装实？一般熔点管中装多少样品？

4. 测熔点时，若有下列情况将产生什么结果？

(1) 熔点管壁太厚。

(2) 熔点管底部未完全封闭，尚有一针孔。

(3) 熔点管不洁净。

(4) 样品未完全干燥或含有杂质。

(5) 样品研得不细或装得不紧密。

(6) 加热太快。

五、计算题

测定苯甲酸的熔点为121.9℃，辅助温度计的读数是45.0℃，主温度计刚露出塞外的刻度值为90.0℃，求校正后的熔点。

项目二
测定沸点和沸程

思考与讨论

　　在海拔很高的山上烧水，不到100℃水就会沸腾；也是在海拔很高的山上，用普通的锅无法将食物煮熟，只能用高压锅才能将食物煮熟，这是为什么？

　　沸点（沸程）是液态化合物的一个重要物理常数，是检验液态有机物纯度的一项重要指标。纯物质在一定压力下有恒定的沸点。通过测定化合物沸点（沸程），可以定性检验化合物，评定产品等级，初步判断化合物的纯度。

　　GB/T 616—2006《化学试剂沸点测定通用方法》、GB/T 615—2006《化学试剂沸程测定通用方法》规定了沸点、沸程测定的通用方法。

任务一　常量法测定丙酮沸点

看一看

  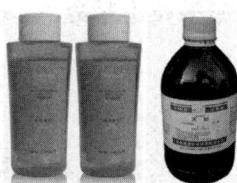 

涂料　　　　指甲油　　　　洗甲水　　丙酮

塑料勺放入丙酮试剂中　　　　塑料勺溶解

我们在生活中看到、接触或使用的一些涂料、胶黏剂和清洁剂中，常常使用一种叫丙酮的有机溶剂；女孩子们喜欢在指甲上涂上各种鲜艳的指甲油，卸除这些指甲油的洗甲水的主要成分（或唯一成分）就是丙酮；实验室常备的用来洗涤油污的各种洗涤剂，其中也包括丙酮。丙酮（CH_3COCH_3）是一种重要的有机溶剂，在化工、人造纤维、医药、涂料、塑料、有机玻璃、化妆品等行业中作为重要的有机原料，被广泛使用。

沸点是丙酮生产中很重要的一个技术指标，测定沸点是丙酮产品检验的一项重要内容。

想一想

沸点是怎么测定的呢？

任务目标 ···◆···◆···◆

1. 会安装沸点测定装置
2. 能正确测定样品沸点
3. 会进行沸点校正计算

任务描述 ···◆···◆···◆

液体温度升高时，它的蒸气压也随之增加，当液体的蒸气压与大气压力相等时，开始沸腾。在标准状态下（101325Pa、0℃）液体的沸腾温度即为该液体的沸点。

物质沸点的高低与该物质所受的外界压力有关，外界压力越大，液体沸腾时的蒸气压也越大，沸点就越高；相反，若减小外界压力，则液体沸腾时的蒸气压降低，沸点就低。纯液态物质在一定压力下都有恒定的沸点，当液体不纯时，沸点就会与理论值有偏差。因此通过测定沸点，可以定性地鉴定液体物质的纯度。

纯液体物质沸腾时，蒸气和液体处于平衡状态，并且其组成不变，温度恒定。这就是液态物质沸点测定的理论依据。沸点测定装置如图 2-1 所示。量取适量试样注入试管中，缓慢加热，当温度上升到某一数值并在相当时间内保持不变时，此时的温度即为试样的沸点。

沸点的测定方法有常量法和微量法（毛细管法）。常量法样品在 10mL 以上，是 GB/T 616—2006《沸点测定通用方法》中规定的方法。常量法适用于受热易分解、氧化的液体有机试剂的沸点测定。

仪器与试剂准备 ···▶ ···▶ ···▶

沸点测定仪见图 2-2。常量法所需仪器与试剂的种类和规格见表 2-1。

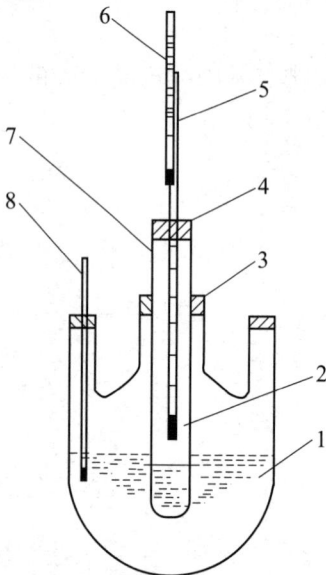

图 2-1　沸点测定装置图

1—三口圆底烧瓶；2—试管；3,4—胶塞；

5—测量温度计；6—辅助温度计；

7—侧孔；8—温度计

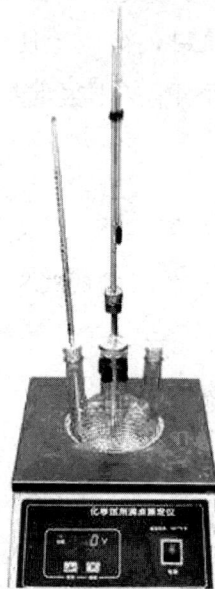

图 2-2　沸点测定仪

表 2-1　仪器与试剂的种类和规格

项目	名　　称	规　　格
仪器	三口圆底烧瓶	250mL 或 500mL
	测量温度计	内标式单球温度计,分度值为 0.1℃,量程适合于所测样品的沸点
	辅助温度计	100℃,分度值为 1℃
	试管	长 190～200mm,距离试管口约 15mm 处有一直径为 2mm 的侧孔
	胶塞	外侧具有出气槽
	电炉	500W 带有调压器
	气压计	
试剂	有机硅油	化学试剂
试样	丙酮或乙醇	工业品或化学试剂

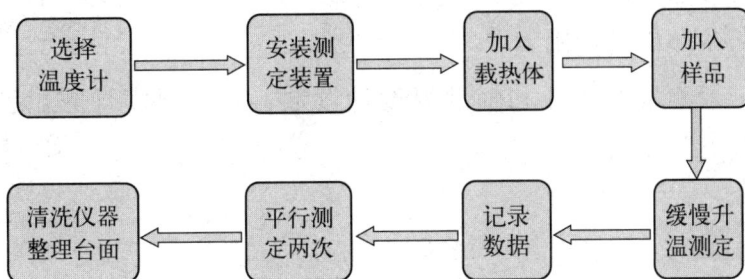

操作指南

选择温度计 → 安装测定装置 → 加入载热体 → 加入样品

↓

清洗仪器整理台面 ← 平行测定两次 ← 记录数据 ← 缓慢升温测定

一、测定前准备

（1）按图 2-3 安装测定装置，将三口圆底烧瓶、试管及测量温度计以胶塞连接，测量温度计下端与试管液面相距 20mm，见图 2-4。

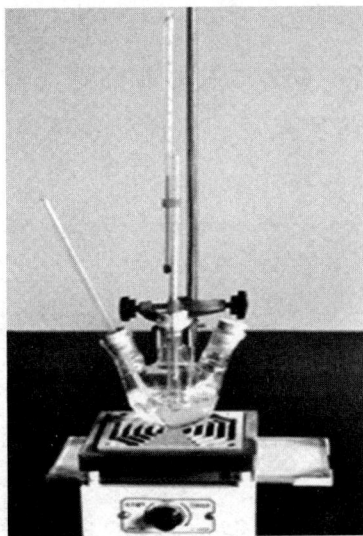

图 2-3　沸点测定装置

图 2-4　测量温度计位置

（2）将辅助温度计附在测量温度计上，使其水银球在测量温度计露出胶塞外的水银柱中部。

（3）烧瓶中注入约为其体积 1/2 的载热体有机硅油。

二、沸点测定

（1）量取适量样品，注入试管中，其液面略低于烧瓶中有机硅油（载热体）的液面。

（2）缓慢加热烧瓶，当温度上升到某一定数值并在相当时间内保持不变时，此温度即为待测样品的沸点。

（3）记录测量温度计和辅助温度计读数、测量温度计露出胶塞外水银柱高度、室温及大气压力。

小知识

有固定沸点的物质不一定是纯物质。有时几种化合物由于形成恒沸物，也会有固定的沸点。例如，乙醇 95.6％和水 4.4％混合，形成沸点为 78.2℃的恒沸混合物。

注意事项

（1）三口圆底烧瓶的一个口必须配有孔橡皮塞，保证导热液与大气相通。见图 2-4。

（2）加热速率不能过快，否则将不利于观察，影响结果的准确度。

（3）测量工作结束后，载热体冷却后方可倒回瓶中。温度计也要冷却后，用纸擦去载热体后方可用水冲洗，否则温度计极易炸裂。

安全防范

（1）丙酮是易燃、易挥发液体，其蒸气与空气可形成爆炸性混合物，遇明火、高热极易燃烧爆炸，使用时应保持室内通风；大量使用时应严禁使用明火和可能产生电火花的电器。

（2）丙酮能与氧化剂发生强烈反应，使用时应避免与氧化剂、还原剂、碱类接触。

记录与处理测定数据 ⇢⇢ ⇢⇢ ⇢⇢

测定数据及处理结果记录于表 2-2 中。

表 2-2　数据记录与处理

样品名称		测定项目		测定方法	
测定时间		温　　度		合作人	
经　　度		纬　　度		大气压力	

测定次数	I	II
沸点观测值(测量温度计读数)t_1/℃		
辅助温度计读数 t_2/℃		
温度计水银柱外露段高度 h(用℃表示)		
校正后气压 p/hPa		
Δt_p/℃		
Δt_2/℃		
计算公式		
校正后沸点 t/℃		
沸点平均值/℃		
相对平均偏差/%		
文献值(或参考值)/℃		

想一想

如何获得准确的测定结果——沸点（沸程）校正？

沸点（或沸程）随外界大气压力的变化而发生很大的变化。不同的测定环境，大气压力的差异较大，如果不是在标准大气压力下测定的沸点（或沸程），必须将所得的测定结果加以校正。沸点的校正由以下几方面构成。

小知识

标准大气压是指重力加速度为 980.665cm/s^2、温度为 0℃ 时，760mmHg 作用于海平面上的压力，其数值为 101325Pa＝1013.25hPa。

1. 气压计读数校正

在观测大气压时，由于受地理位置和气象条件的影响，往往和标准大气压规定的条件不相符合，为了使所得结果具有可比性，由气压计测得的读数，除按仪器说明书的要求进行示值校正外，还必须进行温度校正和纬度重力校正。

$$p = p_t - \Delta p_1 + \Delta p_2 \tag{2-1}$$

式中　p——经校正后的气压，hPa；

　　　p_t——室温时的气压（经气压计器差校正的测得值），hPa；

　　Δp_1——气压计读数校正值（即温度校正值），hPa；

　　Δp_2——纬度校正值，hPa。

其中，Δp_1、Δp_2 由表 2-3 和表 2-4 查得。

2. 气压对沸点的校正

沸点随气压的变化值按下式计算。

$$\Delta t_p = CV(1013.25 - p) \tag{2-2}$$

式中　Δt_p——沸点随气压的变化值，℃；

　　　CV——沸点随气压的校正值（由表 2-5 查得），℃/hPa；

　　　p——经校正的气压值，hPa。

3. 温度计水银柱外露段的校正

温度计水银柱外露段的校正值可按下式进行计算。

$$\Delta t_2 = 0.00016h(t_1 - t_2) \tag{2-3}$$

校正后的沸点按下式计算。

$$t = t_1 + \Delta t_1 + \Delta t_2 + \Delta t_p \tag{2-4}$$

式中　t_1——试样的沸点的测定值，℃；

　　　t_2——辅助温度计读数，℃；

　　　h——主温度计水银柱外露段高度（用℃表示），℃；

　　Δt_1——温度计示值的校正值，℃；

　　Δt_2——温度计水银柱外露段校正值，℃；

　　Δt_p——沸点随气压的变化值，℃。

【例 2-1】 苯胺沸点的校正。

已知：

观测的沸点	184.0℃	辅助温度计读数	45℃
室温	20.0℃	测量温度计露出塞外处刻度	142.0℃
气压（室温下）	1020.35hPa	温度计示值校正值	−0.1℃
测量处的纬度	32°		

试求试样的沸点。

解：（1）气压计读数的校正——温度和纬度的校正

由表 2-3、表 2-4 分别查出 Δp_1、Δp_2 的值：

$$p = p_t - \Delta p_1 + \Delta p_2 = 1020.35 - 3.33 + (-1.40) = 1015.62(\text{hPa})$$

表 2-3 气压计读数校正值（温度校正值）

室温 /℃	气压计读数/hPa							
	925	950	975	1000	1025	1050	1075	1100
10	1.51	1.55	1.59	1.63	1.67	1.71	1.75	1.79
11	1.66	1.70	1.75	1.79	1.84	1.88	1.93	1.97
12	1.81	1.86	1.90	1.95	2.00	2.05	2.10	2.15
13	1.96	2.01	2.06	2.12	2.17	2.22	2.28	2.33
14	2.11	2.16	2.22	2.28	2.34	2.39	2.45	2.51
15	2.26	2.32	2.38	2.44	2.50	2.56	2.63	2.69
16	2.41	2.47	2.54	2.60	2.67	2.73	2.80	2.87
17	2.56	2.63	2.70	2.77	2.83	2.90	2.97	3.04
18	2.71	2.78	2.85	2.93	3.00	3.07	3.15	3.22
19	2.86	2.93	3.01	3.09	3.17	3.25	3.32	3.40
20	3.01	3.09	3.17	3.25	3.33	3.42	3.50	3.58
21	3.16	3.24	3.33	3.41	3.50	3.59	3.67	3.76
22	3.31	3.40	3.49	3.58	3.67	3.76	3.85	3.94
23	3.46	3.55	3.65	3.74	3.83	3.93	4.02	4.12
24	3.61	3.71	3.81	3.90	4.00	4.10	4.20	4.29
25	3.76	3.86	3.96	4.06	4.17	4.27	4.37	4.47
26	3.91	4.01	4.12	4.23	4.33	4.44	4.55	4.66
27	4.06	4.17	4.28	4.39	4.50	4.61	4.72	4.83
28	4.21	4.32	4.44	4.55	4.66	4.78	4.89	5.01
29	4.36	4.47	4.59	4.71	4.83	4.95	5.07	5.19
30	4.51	4.63	4.75	4.87	5.00	5.12	5.24	5.37
31	4.66	4.79	4.91	5.04	5.16	5.29	5.41	5.54
32	4.81	4.94	5.07	5.20	5.33	5.46	5.59	5.72
33	4.96	5.09	5.23	5.36	5.49	5.63	5.76	5.90
34	5.11	5.25	5.38	5.52	5.66	5.80	5.94	6.07
35	5.26	5.40	5.54	5.68	5.82	5.97	6.11	6.25

表 2-4 纬度校正值

纬度/(°)	气压计读数/hPa							
	925	950	975	1000	1025	1050	1075	1100
0	−2.18	−2.55	−2.62	−2.69	−2.76	−2.83	−2.90	−2.97
5	−2.14	−2.51	−2.57	−2.64	−2.71	−2.77	−2.81	−2.91
10	−2.35	−2.41	−2.47	−2.53	−2.59	−2.65	−2.71	−2.77
15	−2.16	−2.22	−2.28	−2.34	−2.39	−2.45	−2.54	−2.57
20	−1.92	−1.97	−2.02	−2.07	−2.12	−2.17	−2.23	−2.28
25	−1.61	−1.66	−1.70	−1.75	−1.79	−1.84	−1.89	−1.94
30	−1.27	−1.30	−1.33	−1.37	−1.40	−1.44	−1.48	−1.52
35	−0.89	−0.91	−0.93	−0.95	−0.97	−0.99	−1.02	−1.05
40	−0.48	−0.49	−0.50	−0.51	−0.52	−0.53	−0.54	−0.55

纬度/(°)	气压计读数/hPa							
	925	950	975	1000	1025	1050	1075	1100
45	−0.05	−0.05	−0.05	−0.05	−0.05	−0.05	−0.05	−0.05
50	+0.37	+0.39	+0.40	+0.41	+0.43	+0.44	+0.45	+0.46
55	+0.79	+0.81	+0.83	+0.86	+0.88	+0.91	+0.93	+0.95
60	+1.17	+1.20	+1.24	+1.27	+1.30	+1.33	+1.36	+1.39
65	+1.52	+1.56	+1.60	+1.65	+1.69	+1.73	+1.77	+1.81
70	+1.83	+1.87	+1.92	+1.97	+2.02	+2.07	+2.12	+2.17

表 2-5　沸点随气压变化的校正值

标准中规定的沸点/℃	气压相差 1hPa 的校正值/℃	标准中规定的沸点/℃	气压相差 1hPa 的校正值/℃
10～30	0.026	210～230	0.044
30～50	0.029	230～250	0.047
50～70	0.030	250～270	0.048
70～90	0.032	270～290	0.050
90～110	0.034	290～310	0.052
110～130	0.035	310～330	0.053
130～150	0.038	330～350	0.055
150～170	0.039	350～370	0.057
170～190	0.041	370～390	0.059
190～210	0.043	390～410	0.061

（2）沸点随气压的变化值

由表 2-5 查得 CV 的值

$$\Delta t_p = CV \times (1013.25 - 1015.62)$$
$$= 0.041 \times (1013.25 - 1015.62)$$
$$= -0.10(℃)$$

（3）温度计外露段的校正

$$\Delta t_2 = 0.00016 \times (t_1 - t_2)h$$
$$= 0.00016 \times (184.0 - 45) \times (184.0 - 142.0)$$
$$= 0.93(℃)$$

（4）校正后苯胺的沸点

$$t = t_1 + \Delta t_1 + \Delta t_2 + \Delta t_p$$
$$= 184.0 + (-0.1) + 0.93 + (-0.10)$$
$$= 184.73(℃)$$

考核内容	序号	考核标准	分值	得分
测定准备	1	仪器选择正确(测量温度计、辅助温度计量程、分度值)	5	
	2	载热体选择正确	5	
仪器安装	3	从下到上的顺序正确	5	
	4	测量温度计、辅助温度计位置正确	10	
	5	载热体液面位置、样品液面位置正确	10	
测定步骤	6	升温速率正确,不超过5℃/min	5	
	7	沸点观测正确	5	
	8	样品平行测定两次	5	
测后工作及团队协作	9	按与安装相反的顺序拆卸仪器	5	
	10	仪器清洗、归位正确	2	
	11	药品、仪器摆放整齐	2	
	12	实验台面整洁	1	
	13	分工明确,各尽其职	5	
数据处理及测定结果	14	及时记录数据,记录规范、无随意涂改	5	
	15	校正计算正确	10	
	16	测定结果与标准值比较≤±0.9℃	10	
	17	相对平均偏差≤1.3%	10	
考核结果				

知识拓展

一、沸点与分子结构的关系

沸点的高低在一定程度上反映了有机化合物在液态时分子间作用力的大小。分子间作用力与化合物的偶极矩、极化度、氢键等有关。这些规律的影响,可以归纳为以下的经验规律。

(1)在脂肪族化合物的异构体中,直链异构体比有侧链的异构体的沸点高,侧链越多,沸点越低。

(2)在醇、卤代物、硝基化合物的异构体中,伯异构体沸点高,仲异构体次之,叔异构体最低。

(3)在顺反异构体中,顺式异构体有较大的偶极矩,其沸点比反式高。

(4)在多双键的化合物中,有共轭双键的化合物有较高的沸点。

(5)卤代烃、醇、醛、酮、酸的沸点比相应的烃高。

(6)在同系列物质中,分子量增大,沸点增高,但递增值逐渐减小。

二、用参比物（或基准物）对所测沸点进行校正

在测定试样的沸点时，还可以用一些参比物（或基准物）的标准沸点数据作基准，对所测定的沸点进行校正。这种校正方法，所得结果最为可靠。测定沸点用基准物的标准沸点见表2-6。

校正方法：

（1）测出试样的沸点（t_1）。

（2）由表2-6中选出与它的结构、沸点相似的参比物，在相同条件下测定其沸点。

（3）求出参比物的沸点与表中所列值的差值（Δt）。

（4）可按下式求出试样的沸点（t）。

$$t = t_1 + \Delta t$$

例如，测得试样 N-甲基苯胺的沸点为 194.5℃，在相同条件下，测定标准试样苯胺的沸点为 182.9℃。由表 2-6 查得苯胺在标准大气压力下的沸点为 184.4℃，则试样在标准大气压力下的沸点应该是：

$$\Delta t = 184.4 - 182.9 = 1.5(℃)$$
$$t = 194.5 + 1.5 = 196.0(℃)$$

表 2-6　测定沸点用基准物的标准沸点

化合物	沸点/℃	化合物	沸点/℃	化合物	沸点/℃
溴代乙烷	38.4	甲苯	110.6	硝基苯	210.8
丙酮	56.1	氯代苯	131.8	水杨酸甲酯	223.0
三氯甲烷	61.3	溴代苯	156.2	对硝基甲苯	238.3
四氯化碳	76.8	环己醇	161.1	二苯甲烷	264.4
苯	80.1	苯胺	184.4	α-溴代萘	281.2
水	100.0	苯甲酸甲酯	199.5	二苯甲酮	306.1

三、福廷式气压计及其使用

福廷式气压计（见图2-5）是一种单管真空汞压力计，以汞柱来平衡大气压力。其主要结构（见图2-6）是一根长 90cm，上端封闭的玻璃管，管中盛有汞，倒插入下部汞槽内。汞槽下部以羚羊皮袋作为汞储槽，它既与大气相通，汞又不会漏出。在底部有一调节螺旋，可用来调节其中汞面的高度。象牙针的尖端是黄铜标尺刻度的零点，利用黄铜标尺的游标尺，读数的精密度可达 0.1mm

或0.05mm。当大气压力与汞槽内的汞面作用达到平衡时，汞就会在玻璃管内上升到一定高度。通常测定汞的高度，就可确定大气压力的数值。

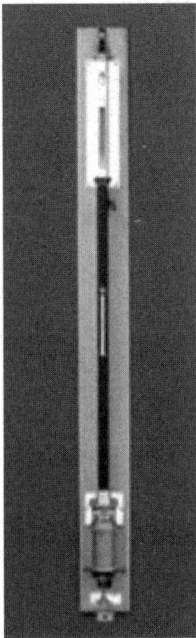

图 2-5　福廷式气压计

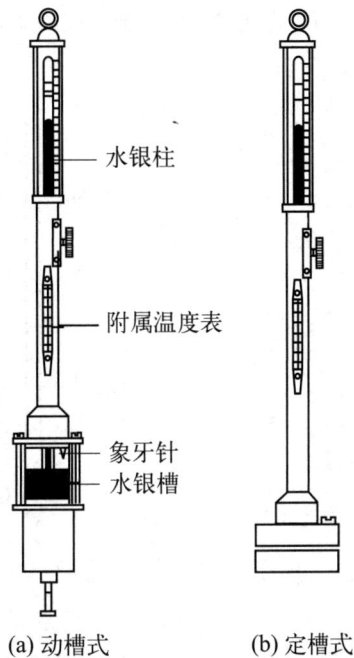

(a) 动槽式　　(b) 定槽式

图 2-6　福廷式气压计构造图

气压计的使用方法如下。

（1）铅直调节　福廷式气压计必须垂直放置。

（2）调节汞槽内的汞面高度　慢慢旋转底部的汞面调节螺旋，使汞槽内的汞面升高，直到汞面恰好与象牙针尖接触，然后轻轻扣动铜管使玻璃管的弯曲正常，这时象牙针与汞面的接触应没有什么变动。

（3）调节游标尺　转动游标尺调节螺旋，使游标尺的下沿边与管中汞柱的凸面相切，眼睛和游标尺前后的两个下沿边应在同一水平面，见图2-7。

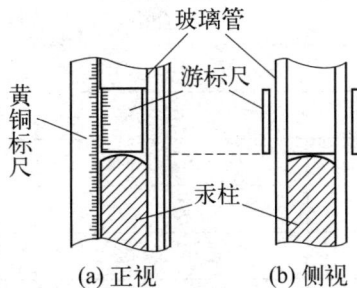

(a) 正视　　(b) 侧视

图 2-7　气压计标尺位置调节示意图

（4）读数　游标尺的零线在标尺上所指的刻度，为大气压力的整数部分（mm 或 kPa），再从游标尺上找出与标尺某一刻度相吻合的刻度线，此游标刻度线上的数值即为大气压力的小数部分，见图 2-8。

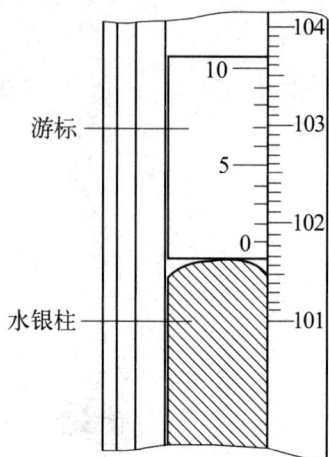

图 2-8　气压计读数

（5）整理　向下转动汞槽液面调节螺旋，使汞面离开象牙针，记下气压计上附属温度计的温度读数，并从所附的仪器校正卡片上读取该气压计的仪器误差。

四、丙酮生产技术指标（规格）

GB/T 686—2008《化学试剂丙酮》中规定了丙酮的规格，见表 2-7。

表 2-7　丙酮的规格

名　　称	分析纯	化学纯
含量(CH_3COCH_3，质量分数)/%	≥99.5	≥99.0
沸点/℃	56±1	56±1
与水混合试验	合格	合格
蒸发残渣(质量分数)/%	≤0.001	≤0.001
水分(质量分数)/%	≤0.3	≤0.5
酸度(以 H^+ 计)/(mmol/g)	≤0.0005	≤0.0008
碱度(以 OH^- 计)/(mmol/g)	≤0.0005	≤0.0008
醛(以 HCHO 计，质量分数)/%	≤0.002	≤0.005
甲醇(质量分数)/%	≤0.05	≤0.1
乙醇(质量分数)/%	≤0.05	≤0.1
还原高锰酸钾物质	合格	合格

知识点

➢ 沸点概念、测定意义、影响因素

➢ 沸点测定原理

➢ 沸点测定方法

➢ 沸点校正方法

技能点

➢ 选择仪器（温度计、胶塞）

➢ 安装仪器（温度计位置）

➢ 加样品（加入量）

➢ 升温速率控制

➢ 沸点观测

➢ 沸点校正

任务二　蒸馏法测定乙醇沸程

看一看

蒸馏酒　　　　　蒸馏水　　　　　蒸馏设备

　　图片中的物品都是和蒸馏有关的。蒸馏是一种热力学分离工艺，它利用混合液体或液-固体系中各组分沸点不同，使低沸点组分蒸发，再冷凝以达到分离整个组分的目的。在中国古代，人们就利用蒸馏技术炼丹、制烧酒、蒸花露水等。现在，我们饮用的蒸馏水、一些高度的烈性酒都是蒸馏技术应用的产物。在实验室里，常常利用蒸馏的方法测定一些液体的沸点和沸程。

想一想

　　沸程与沸点有何关系？有何区别？

1. 会组装和使用蒸馏装置
2. 会用蒸馏法测定样品沸程
3. 能正确进行沸程校正计算

任务描述 ···▶ ···▶ ···▶

在工业生产中，对于有机试剂、化工和石油产品，沸程是其质量控制的主要指标之一。沸程是液体在规定条件下（101325Pa，0℃）蒸馏，第一滴馏出物从冷凝管末端落下的瞬间温度（初馏点）至蒸馏瓶底最后一滴液体蒸发瞬间的温度（终馏点）间隔。

与熔点范围一样，物质越纯，沸程就越短，一般沸点范围不超过 1～2℃，如果液态物质含有杂质则沸点范围将增大。根据不同的沸程数据，可以确定产品的质量。

测定时，在规定条件下，对 100mL 试样进行蒸馏，记录初馏点和终馏点，即记录第一滴试样馏出的温度（初馏点）和蒸馏瓶中全部液体蒸发后，蒸馏温度停止上升、开始下降时的温度（终馏点）。也可规定一定的馏出体积，测定对应的温度范围或在规定的温度范围测定馏出的体积。

测定沸程常用蒸馏法，这是 GB/T 615—2006《化学试剂沸程测定通用方法》中规定的方法。

蒸馏法适用于沸点在 30～300℃ 范围内、受热稳定的有机试剂沸程的测定，具有操作简单、迅速、重现性较好的特点。

仪器与试剂准备 ···▶ ···▶ ···▶

测定沸程的标准化蒸馏装置如图 2-9 所示。所需仪器与试剂的规格和种类见表 2-8。

表 2-8　仪器与试剂的种类和规格

项目	名　称	规　格
仪器	支管蒸馏瓶	用硅硼酸盐玻璃制成,有效容积 100mL
	测量温度计	水银单球内标式,分度值为 0.1℃,量程适合于所测样品的温度范围
	辅助温度计	分度值为 1℃
	冷凝管	直型水冷凝管,用硼硅酸盐玻璃制成
	接收器	容积为 100mL,两端分度值为 0.5mL
	电热套	500mL,500W
试样	乙醇	工业品或化学试剂

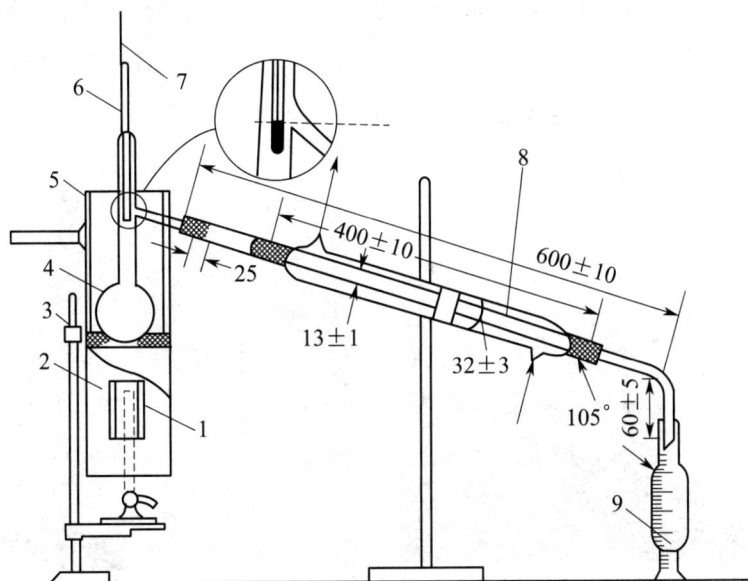

图 2-9　测定沸程的蒸馏装置（单位：mm）

1—热源；2—热源的金属外罩；3—接合装置；4—支管蒸馏瓶；5—蒸馏瓶的金属外罩；

6—温度计；7—辅助温度计；8—冷凝管；9—量筒

任务实施

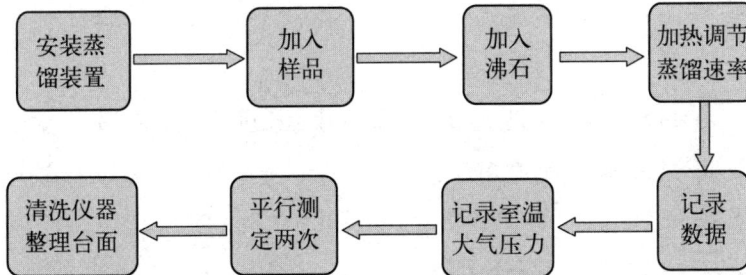

一、测定前准备

（1）按图 2-10 安装蒸馏装置，使测量温度计水银球上端与蒸馏瓶和支管接合部的下沿保持水平（图 2-11），将辅助温度计附在测量温度计上，使其水银球在测量温度计露出胶塞外的水银柱中部。

（2）量取（100±1）mL 的试样，将样品全部转移至蒸馏瓶中，加入几粒清洁、干燥的沸石，装好温度计，将接收器（不必经过干燥）置于冷凝管下端，使冷凝管口进入接收器部分不少于 25mm，也不低于 100mL 刻度线，接收器口塞以棉塞，确保向冷凝管稳定地提供冷却水。

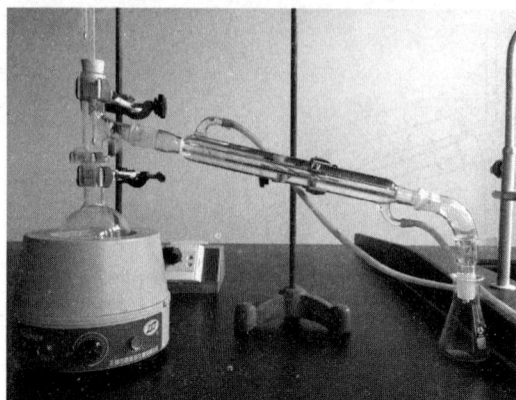

图 2-10　沸程测定装置

图 2-11　温度计位置

小知识

如何量取样品和测量馏出液体积

（1）若样品的沸程温度范围下限低于 80℃，则应在 5～10℃ 的温度下量取样品（将接收器距顶端 25mm 处以下浸入 5～10℃ 的水浴中）及测量馏出液体积。

（2）若样品的沸程温度范围下限高于 80℃，则在常温下量取样品及测量馏出液体积。

（3）若样品的沸程温度范围上限高于 150℃，在常温下量取样品及测量馏出液体积，并应采用空气冷凝。

二、测定

（1）开始加热，调节蒸馏速率，对沸程温度低于 100℃ 的样品，应使自加热起至第一滴冷凝液滴入接收器的时间为 5～10min；对于沸程温度高于 100℃ 的样品，上述时间应控制在 10～15min，然后将蒸馏速率控制在 3～4mL/min。

（2）记录规定馏出物体积对应的沸程温度或规定沸程温度范围内的馏出物的体积。

（3）记录室温及气压。

实际应用中习惯不要求蒸干，而是规定从一个初馏点到终馏点的温度范围，在此范围内，馏出物的体积应不小于产品标准的规定，例如98％。对于纯化合物，其沸程一般不超过1～2℃，若含有杂质则沸程会增大。由于形成共沸物，有时沸程小的不一定就是纯物质。

注意事项

（1）蒸馏应在通风良好的通风橱中进行。

（2）温度计水银球位置要正确，水银球过高，沸点偏低；反之，沸点偏高。

（3）样品应全部转移至支管烧瓶中，不得流入支管。

安全防范

（1）蒸馏过程中易产生爆沸现象，需要在蒸馏瓶中加入沸石或者碎瓷片，防止爆沸。沸石一定要在加热前加入，在任何情况下，切忌将沸石加至已受热接近沸腾的液体中，否则常因突然放出大量蒸气，大量液体从蒸馏瓶口喷出造成危险。

（2）乙醇易燃，使用时应远离明火。

记录与处理测定数据 ⇢⇢⇢⇢

测定数据及处理结果记录于表2-9中。

表2-9 数据记录与处理

样品名称		测定项目		测定方法	
测定时间		温　度		合作人	
经　度		纬　度		大气压力	

测定次数	I		II	
	初馏点	终馏点	初馏点	终馏点
沸点观测值（测量温度计读数）t_1/℃				
辅助温度计读数 t_2/℃				
温度计水银柱外露段高度 h（用℃表示）				

测定次数	I	II
实测沸程/℃		
校正后沸程/℃		
沸程平均值/℃		
相对平均偏差/%		
计算公式		
文献值(或参考值)/℃		

同沸点测定一样，沸程的测定也应对测定结果进行温度、压力和沸程的校正。沸程的校正方法同沸点校正。

任务考核评价

考核内容	序号	考核标准	分值	得分
测定准备	1	仪器选择正确(测量温度计、蒸馏烧瓶、冷凝管接收器)	5	
	2	样品添加正确(全部转移至支管烧瓶中,未流入支管)	5	
	3	蒸馏瓶内加清洁干燥沸石	5	
仪器安装	4	从下到上、从左到右的顺序正确	5	
	5	测量温度计、辅助温度计位置正确	5	
	6	冷凝管口位置正确	5	
	7	接收器口塞棉花正确	5	
测定步骤	8	蒸馏速率控制正确	5	
	9	初馏点观察正确	5	
	10	终馏点观察正确	5	
	11	样品平行测定两次	5	
测后工作及团队协作	12	按与安装相反的顺序拆卸仪器	5	
	13	仪器清洗、归位正确	2	
	14	药品、仪器摆放整齐	2	
	15	实验台面整洁	1	
	16	分工明确,各尽其职	5	
数据处理及测定结果	17	及时记录数据,记录规范、无随意涂改	5	
	18	校正计算正确	5	
	19	测定结果与标准值比较≤±0.9℃	10	
	20	相对平均偏差≤1.3%	10	
考核结果				

蒸馏法测定沸点和沸程装置，在测量上受加热速率影响较大，操作须非常小心，在沸点、沸程的观察上，稍有疏忽就会记录不准确，出现操作误差。沸点、沸程测定仪，在根本上解决了许多实际操作中存在的问题。下面介绍几种沸点、沸程测定仪。

一、SJN-XH-616 型沸点测定仪

这是根据 GB/T 616—2006《化学试剂沸点测定通用方法》设计的一台仪器（图 2-12）。仪器采用单片机数字精密调压电加热器，加热器采用阻燃式电加热套。由于采用了精密数字调压，该电加热器具有调压精细、加热稳定、升温均匀等特点。

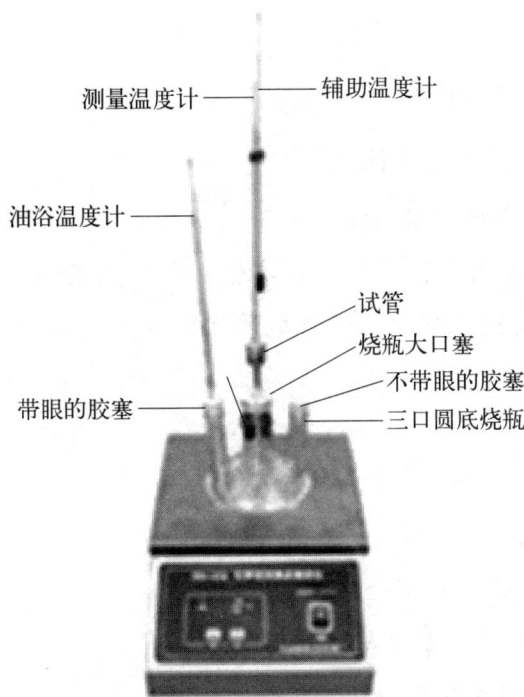

图 2-12　SJN-XH-616 型沸点测定仪

该仪器还配置了 500mL 三口圆底烧瓶、玻璃试管、测量温度计、辅助温度计。仪器操作简便，性能稳定，升温均匀。

主要技术参数

（1）输入电源　AC，220V±10%，50Hz。

（2）加热功率 0～600W。

（3）数字调压范围 0～220V 任意调节。

（4）随机显示电压 0V。

（5）加热油浴 500mL 三口圆底烧瓶。

（6）试管尺寸 $\phi25mm\times200mm$。

（7）测量温度计 0～(50±0.1)℃、50～(100±0.1)℃、100～(150±0.1)℃、150～(200±0.1)℃、200～(250±0.1)℃、250～(300±0.1)℃。

（8）辅助温度计 0～(50±1)℃。

（9）油浴温度计 0～(400±1)℃。

（10）压力计 80～1060hPa。

（11）环境温度 10～40℃。

（12）相对湿度 <85%。

二、DYH-109A 沸程测定仪

仪器（图 2-13）执行标准 GB/T 615—2006《化学试剂沸程测定通用方法》、GB/T 7534—2004《工业用挥发性有机液体沸程的测定》，适用于常压下沸点在 30～300℃，并且在蒸馏过程中化学性能稳定的有机液体（如烃、酯、醇、醚及类似的有机化合物）。

主要技术参数

（1）温度范围 30～300℃。

（2）电源要求 AC，220V±10%，50Hz。

（3）加热器功率 0～1800W 连续可调。

（4）冷浴控温加热器功率 600W。

（5）冷浴恒温范围 −5～80℃。

（6）控温精度 ±0.1℃。

（7）压缩机功率 170W。

该仪器采用曲管式冷凝管、不锈钢恒温浴，电炉加热。固态调压器控制升温速率，数字显示温度控制系统，具有温度修正及恒温点自整定功能。加热炉采用电热丝外罩石英玻璃管红外加热式，与传统的裸丝加热法比，具有防油溅、防触电、抗氧化和热效率高等优点。量筒采用有机玻璃精制而成，加入冷却水

图 2-13　DYH-109A 沸程测定仪　　　　图 2-14　DRT-1131 全自动沸程测定仪

不影响观察试样的馏分。单机进口压缩机制冷系统，并配有电机搅拌装置，浴内温度控制范围宽，控温精度高，可靠耐用。

三、DRT-1131 全自动沸程测定仪

这是按照国家标准 GB/T 615—2006《化学试剂沸程测定通用方法》、GB/T 7534—2004《工业用挥发性有机液体沸程的测定》的标准要求设计的。仪器（图 2-14）为单管模块化结构，采用低电压集中直接的蒸馏加热方式，小循环组块的冷浴恒温、美国进口红外线量筒读数系统、自动恒温的回收室，采用多单片机的主控部件，并具有自动完成大气压采的实时检测自动修正，功能强大、工作稳定可靠，德国 JUMO 原装测温传感器及国际先进的数控光学检测系统，可自动完成馏程测定，性能稳定，操作简单。

主要技术参数

（1）温度范围　0～400℃。

（2）温度精度　±0.01℃。

（3）体积测量范围　0～100mL。

（4）体积测量精度　0.01mL，每次步进0.01mL。

（5）冷凝管温度范围　−10～70℃任意设定；压缩机制冷，恒温均匀。

（6）量筒控温范围　0～60℃，回收室带风扇使温度均匀并封闭性好，防止空气对流。

（7）蒸馏速率　4～5mL/min。

（8）加热器功率　最大1200W，低电压集中直接的蒸馏加热方式。

（9）显示系统　7寸彩色点阵液晶 LED 显示屏，分辨率 640×480，全中文操作界面。

知识点

➢ 沸程概念、影响因素、测定意义

➢ 沸程原理

➢ 沸程测定方法

➢ 沸程校正方法

技能点

➢ 仪器选择

➢ 仪器安装

➢ 蒸馏速率控制

➢ 初馏点、终馏点观察

➢ 沸程校正

拓展任务　微量法测定丙酮沸点

任务目标

1. 会制备沸点管

2. 会安装微量法测定沸点装置

3. 会用微量法测定样品沸点

任务描述

当样品量很少或样品很珍贵时，测定沸点可采用毛细管法进行。毛细管法只需样品 0.25～0.50mL，故又称为微量法。

液体沸腾时，其蒸气压等于施加于液面的外部压力，如果一端封闭，灌满液体的管子口朝下插入盛在另一容器内的该液体中，当液体被加热到沸点时，管内蒸气压被施加于液面上的大气压抵消，此时管内正好被蒸气充满；如果温度高于沸点，管内有气泡逸出；如果温度低于沸点，则液体进入管中。

微量法测定沸点，适用于少量且纯度较高的样品。其优点是很少量试样就能满足测定的要求，主要缺点是只有试样特别纯才能测得准确值，如果试样含少量易挥发杂质，则所得的沸点值偏低。

仪器与试剂准备

微量法测定沸点装置如图 2-15、图 2-16 所示，所用仪器与试剂见表 2-10。

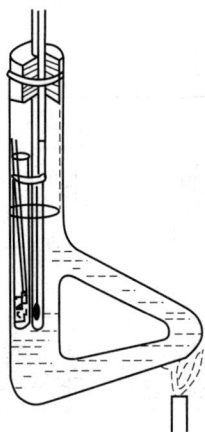

图 2-15　微量法测定沸点装置

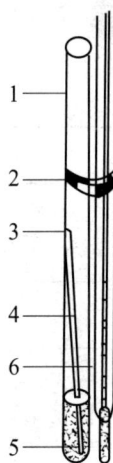

图 2-16　沸点管位置

1—外管；2—橡皮圈；3—内管闭口端；

4—内管；5—样品；6—温度计

表 2-10　仪器与试剂的种类和规格

项目	名　称	规　格
仪器	提勒管	
	测量温度计	内标式单球温度计,分度值为 0.1℃,量程适合于所测样品的沸点
	辅助温度计	100℃,分度值为 1℃
	沸点管	外管:长 70～80mm,直径 3～4mm 内管:长 90～100mm,直径 1mm,一端封口
	胶塞	外侧具有出气槽
	酒精灯	500W 带有调压器
	气压计	
试剂	有机硅油	化学试剂
试样	丙酮或乙醇	工业品或化学试剂

📚 小知识

沸点管

　　沸点管由一支直径 3～4mm、长 70～80mm 的一端封闭的玻璃管外管，和一支直径 1mm、长 90～100mm 的一端封闭的毛细管内管组成。

任务实施 ➤➤ ➤➤ ➤➤➤

操作指南

制备
沸点管 → 装入
样品 → 安装测
定装置 → 控制升温
测定

清洗仪器
整理台面 ← 平行测
定两次 ← 记录室温
大气压力 ← 记录
数据

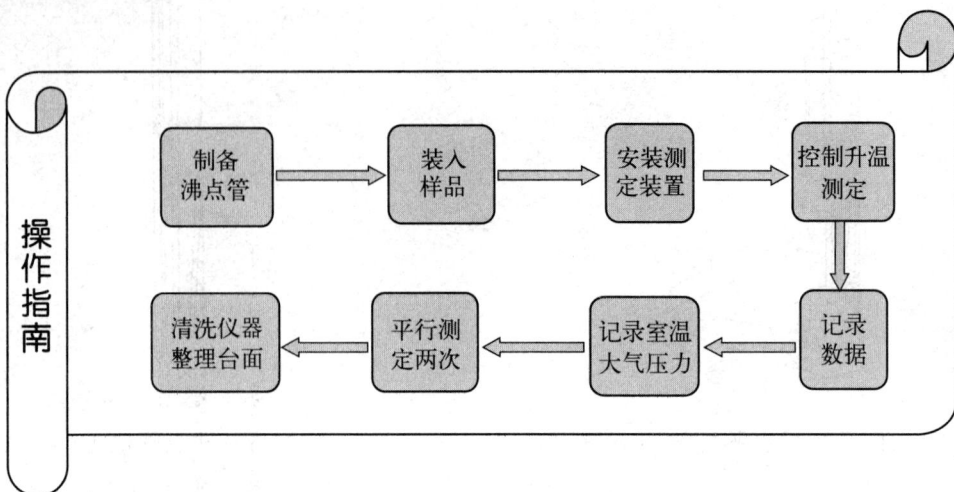

一、测定前准备

1. 制备沸点管

取一支直径 3～4mm、长 70～80mm 的一端封闭的玻璃管作为沸点管的外管，再取一支直径 1mm、长 90～100mm 的毛细管，在酒精灯上加热，将其一端熔封（见项目一制熔点管），作为沸点管的内管，如图 2-16 所示。

2. 装入样品

取试样 0.3～0.5mL 注入沸点管的外管中，将毛细管倒置其内，开口端向下，见图 2-16。

3. 安装测定装置

（1）将装好样品的沸点管缚于测量温度计上，使装样部分和测量温度计水银球处在同一水平位置，见图 2-16。

（2）辅助温度计安装方法与熔点测定相同。

（3）提勒管中注入载热体。载热体的选择和装入量同熔点测定。

沸点的测定

（4）按图 2-17 安装测定装置。

二、沸点测定

将沸点管置于热浴中，缓缓加热，先看到有气泡由内管逸出，当气泡快速从倒插的毛细管中成串逸出时，即移去热源，停止加热。气泡逸出速率因停止加热

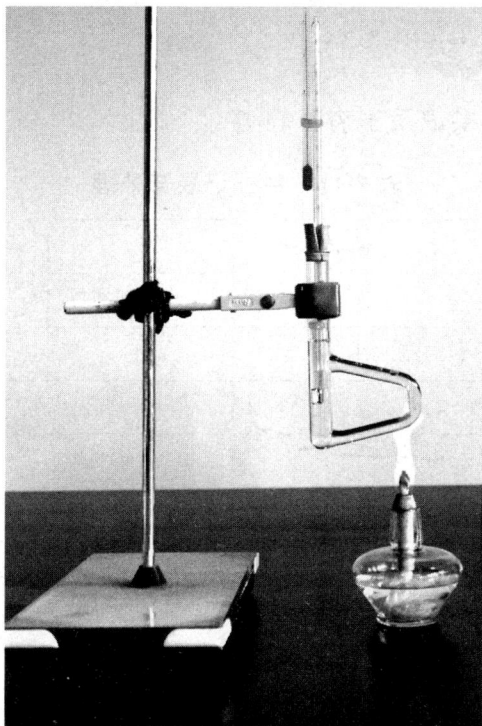

图 2-17　微量法沸点测定装置

而逐渐减慢，当气泡停止逸出而液体刚要进入毛细管时（即最后一个气泡出现但还没有逸出的瞬间），此时毛细管内蒸气压等于外界大气压，此刻的温度即为沸点。

小知识

测定时加热不可剧烈，否则液体迅速蒸发至干无法测定；但必须将试样加热至沸点以上再停止加热，若在沸点以下就移去热源，液体会立即进入毛细管内，这是由于管内集积的蒸气压小于大气压。

注意事项

（1）沸点测定时用橡皮圈将毛细管缚在温度计旁，并使装样部分和温度计水银球处在同一水平位置，同时要使温度计水银球处在 b 形管两侧管中心部位。

（2）加热不能过快，被测液体不宜太少，以防液体全部汽化。

（3）沸点管内管中的空气要尽量赶干净。正式测定前，让沸点管内管中有大量气泡冒出，以此带出空气。

（4）观察要仔细及时，重复测定误差不超过 1℃。

记录与处理测定数据 ⟫⟫⟫⟫⟫⟫⟫

测定数据及处理结果记录于表 2-11 中。

表 2-11 数据记录与处理

样品名称		测定项目		测定方法	
测定时间		温　度		合作人	
经　　度		纬　　度		大气压力	

测定次数	I	II
沸点观测值(测量温度计读数)t_1/℃		
辅助温度计读数 t_2/℃		
温度计水银柱外露段高度 h(用℃表示)		
校正后气压 p/hPa		
Δt_p/℃		
Δt_2/℃		
校正后沸点 t/℃		
沸点平均值/℃		
相对平均偏差/‰		
计算公式		
文献值(或参考值)/℃		

任务考核评价 ⟫⟫⟫⟫⟫

考核内容	序号	考核标准	分值	得分
测定准备	1	沸点管制备正确	10	
	2	装入样品正确	5	
	3	载热体选择正确	5	
仪器安装	4	从下到上的顺序正确	5	
	5	测量温度计、辅助温度计位置正确	10	
	6	载热体液面位置正确	5	

考核内容	序号	考核标准	分值	得分
测定步骤	7	升温速率正确	5	
	8	沸点观测正确	5	
	9	样品平行测定两次	5	
测后工作及 团队协作	10	按与安装相反的顺序拆卸仪器	5	
	11	仪器清洗、归位	2	
	12	药品、仪器摆放整齐	2	
	13	实验台面整洁	1	
	14	分工明确,各尽其职	5	
数据处理及 测定结果	15	及时记录数据,记录规范、无随意涂改	5	
	16	校正计算正确	5	
	17	测定结果与标准值比较≤±0.9℃	10	
	18	相对平均偏差≤1.3%	10	
考核结果				

任务总结

知识点

➢ 测定原理

➢ 沸点意义

➢ 沸点测定方法

➢ 沸点校正方法

技能点

➢ 制备沸点管

➢ 装样品

➢ 安装测定装置

➢ 测量时升温控制

➢ 沸点观测

➢ 沸点校正

能力测试

一、填空题

1. 沸点的测定方法有_____和_____。_____称为常量法;_____称为微量法。

2. 物质沸点的高低与该物质所受的_____有关，_____越大，液体沸腾时的_____也越大，沸点就_____。

3. 在标准状况下（101325Pa，0℃）液体的_____即为该液体的沸点。

4. 测定沸点时，试管中样品的液面应_____烧瓶中载热体的液面。

5. 蒸馏法适用于沸点在_____范围内，_____的有机试剂沸程的测定，具有_____、_____的特点。

6. 蒸馏过程中易产生爆炸。为防止爆沸，需要在蒸馏瓶中加入_____或者_____。

二、选择题

1. 常量法测沸点，应记录的沸点温度为（　　）。

A. 内管液体沸腾的温度

B. 测定时当温度上升到某一定数值并在相当时间内保持不变的温度

C. 内管中最后一个气泡不再冒出并要缩回时的温度

2. 物质的沸程与纯度的关系是（　　）。

A. 物质越纯，沸程越短

B. 物质越纯，沸程越长

C. 沸程与物质的纯度无关

3. 蒸馏法测定乙醇沸程时，在蒸馏瓶中加入沸石的时间是（　　）。

A. 任何时间　　　　B. 加热前　　　　C. 加热后　　　　D. 加热近沸腾时

4. 蒸馏法测定液体沸程，调节蒸馏速率，对沸程温度低于100℃的样品，应使自加热起至第一滴冷凝液滴入接收器的时间为（　　）；对于沸程温度高于100℃的样品，上述时间应控制在（　　）min，然后将蒸馏速率控制在（　　）mL/min。

A. 3～4　　　　　　B. 10～15　　　　C. 5～10　　　　D. 15～20

5. 微量法测沸点，应记录的沸点温度为（　　）。

A. 内管中第一个气泡出现时的温度

B. 内管中有连续气泡出现时的温度

C. 内管中最后一个气泡不再冒出并要缩回时的温度

三、判断题

1. 纯物质都有恒定的沸点。　　　　　　　　　　　　　　　　　　　（　　）

2. 某液体试样沸程很窄说明该液体是纯化合物。　　　　　　　　　　（　　）

3. 当样品量很少或样品很珍贵时，测定沸点可采用毛细管法。　　　　（　　）

4. 蒸馏法测定沸点样品量在5mL以上。　　　　　　　　　　　　　　（　　）

四、简答题

1. 测得某种液体有固定的沸点，能否认为该液体是单纯物质？为什么？

2. 测沸点时，升温速率快慢对测定结果有何影响？

五、计算题

要求分析测定二甲苯的沸程。

已知：沸程测定值　　　　　　　137.0～140.0℃

　　　测定时大气压力　　　　　999.92hPa

　　　辅助温度计读数　　　　　35℃

　　　测定处纬度　　　　　　　38.5°

　　　温度计露出塞外处的刻度　109.0℃

　　　室温　　　　　　　　　　25.0℃

试求校正后的沸程。

项目三
测定密度

思考与讨论

海底，石油输油管道发生泄漏事件后，人们看到附近海面飘着一层油污……为什么在海底溢出的石油不是沉在海底而是漂浮在海面呢？

密度是液态有机化工产品的重要的物理参数之一，利用密度的测定可以区分化学组成相似而密度不同的液体物质，鉴定液体产品的纯度以及某些溶液的浓度。因此在有机产品检验中，密度是许多液体产品的质量控制指标之一。

GB/T 611—2021《化学试剂密度测定通用方法》中规定了测定液体密度的通用方法。测定液体密度常用的方法有密度瓶法、韦氏天平法和密度计法。

任务一　密度瓶法测定甘油密度

看一看

甘油

我们日常饮食中喜欢吃的一些腌腊制品、肉干、香肠、果脯、蜜饯等，在加工制作时，常常喷上一种物质，用来锁住食物内的水分、保湿、延长保质期，这种物质的主要成分就是食用级甘油；我们生活中每天离不开的化妆品、洗护用品，里面都加了一种起到保湿、滋润作用的物质，这种物质也是甘油。甘油（$C_3H_8O_3$）是丙三醇的俗称，它是一种无色无臭黏稠状有甜味的液体，被广泛使用在化工、医药、建材、食品、化妆品、纺织、印染等行业。

密度是甘油生产中很重要的一个技术指标，测定密度是甘油产品检验的一项重要内容。

想一想

怎样测定甘油的密度呢？

任务目标 ⊹⊹⊹⊹⊹⊹

1. 能正确使用密度瓶
2. 能用密度瓶准确测定不挥发液体密度
3. 会根据测定数据正确计算样品密度

任务描述 ⊹⊹⊹⊹⊹⊹

物质的密度是指在规定的温度 t（℃）下单位体积物质的质量，单位为 g/cm^3（g/mL），以符号 ρ_t 表示。

物质的体积随温度的变化而改变（热胀冷缩），物质的密度也随之改变，因此同一物质在不同的温度下测得的密度是不同的。密度的表示必须注明温度，国家标准规定化学试剂的密度系指在 20℃ 时单位体积物质的质量，用 ρ 表示。若在其他温度下，则必须在 ρ 的右下角注明温度，即用 ρ_t 表示。

在一般的分析工作中通常只限于测量液体试样的密度而很少测量固体试样的密度。

密度瓶法是通过测出样品的质量和密度瓶体积，从而确定物质密度的方法。测定时，在规定温度 20℃ 下，分别测定充满同一密度瓶的水及试样的质量，由水的质量和密度可以确定密度瓶的容积，也就是试样的体积，根据试样的质量及体积即可求其密度。

密度瓶法测定液体密度是 GB/T 611—2021《化学试剂密度测定通用方法》

中规定的方法，也是测定密度最常用的方法，适宜测定不挥发液体的密度，不适宜测定易挥发液体的密度。由于密度瓶法测定结果准确，一般以此方法作为仲裁分析方法。

仪器与试剂准备

密度瓶法测定密度的主要仪器是密度瓶，此外，还需使用分析天平、恒温水浴等仪器。密度瓶法测定密度所用仪器与试剂见表 3-1。

表 3-1　密度瓶法测定密度所用仪器与试剂清单

项目	名　称	规　格
仪器	密度瓶	25～50mL
	电吹风	220/240V,50/60Hz
	恒温水浴	温度可控制在 20.0℃±0.1℃
	分析天平	感量 0.1mg
试剂	乙醇或乙醚	分析纯
试样	丙三醇或乙二醇	工业产品或化学试剂

小知识

密度瓶

常用的密度瓶有普通型和标准型（如图 3-1 所示）。普通型的为球形，见图 3-1(a)；标准型的是附有特制温度计、带有磨口帽的小支管的密度瓶，见图 3-1(b)。密度瓶的容积一般为 5mL、10mL、25mL、50mL 等。

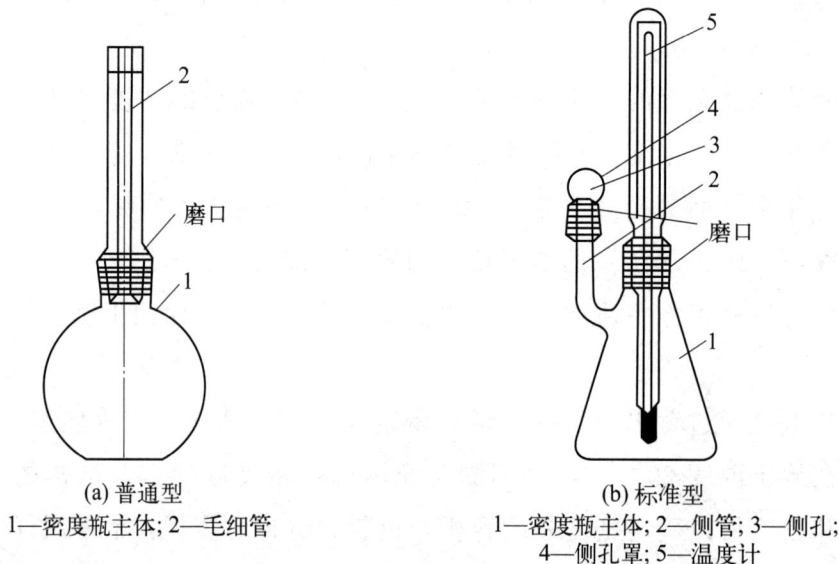

(a) 普通型
1—密度瓶主体；2—毛细管

(b) 标准型
1—密度瓶主体；2—侧管；3—侧孔；
4—侧孔罩；5—温度计

图 3-1　常用的密度瓶示意图

任务实施 ➡ ➡ ➡

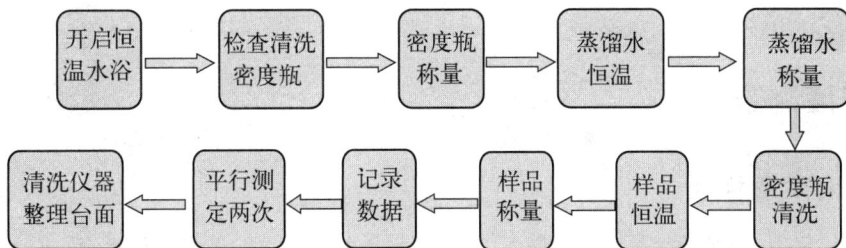

操作指南

开启恒温水浴 → 检查清洗密度瓶 → 密度瓶称量 → 蒸馏水恒温 → 蒸馏水称量

清洗仪器整理台面 ← 平行测定两次 ← 记录数据 ← 样品称量 ← 样品恒温 ← 密度瓶清洗

一、测定前准备

（1）开启恒温水浴，使温度恒定在（20.0±0.1）℃。

（2）检查密度瓶磨口是否漏液。

（3）将密度瓶（见图3-2）洗净并干燥，冷却至室温。

(a)普通型

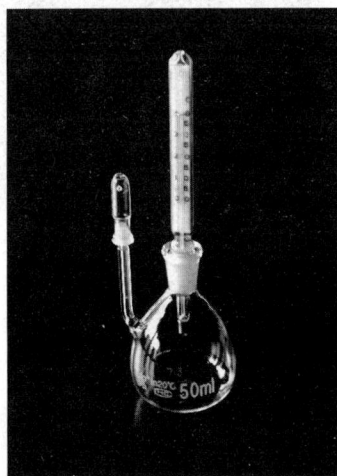
(b)标准型

图 3-2　常用密度瓶

📚 **小知识** ➤

　　密度瓶使用前要对附温度计、空瓶重、水重三者按要求进行严格检定，符合要求的才能使用。由于密度瓶反复使用后易损坏和结垢，因此在每一次使用时都要进行外观检查，是否破损（特别是支管和瓶口部位），内外壁是否干净、干燥，特别是小帽子的内部。此外，密度瓶使用一段时间后要用酸性洗液浸泡清洗，一般连续使用两个月左右要做定期检定。

二、密度测定

1. 密度瓶称量

将洗净并干燥的密度瓶带温度计（或瓶塞）及侧孔罩在天平上称取准确质量。

2. 装蒸馏水恒温

取下温度计（或瓶塞）及侧孔罩，见图 3-3，用新煮沸并冷却至 15℃左右的水充满密度瓶，不得带入气泡，插入温度计（或瓶塞），将密度瓶置于（20.0±0.1）℃的恒温水浴中，至密度瓶中液体温度达到 20℃，并使侧管中的液面与侧管齐平，立即盖上侧孔罩。

恒温水浴槽
的使用

(a) 普通型

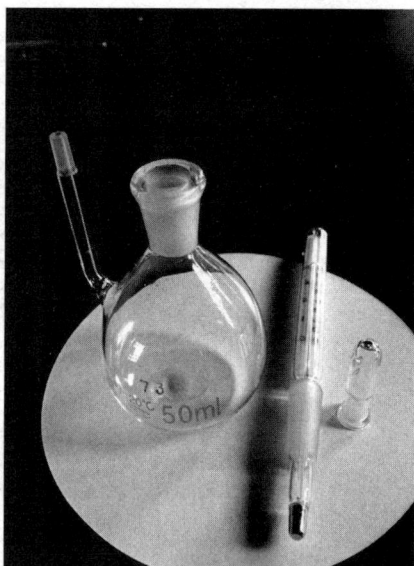

(b) 标准型

图 3-3　装液体时取下温度计（或瓶塞）及侧孔罩

注意事项

（1）磨口塞（或温度计）不能直接放置实验台上。

（2）随着温度的上升，过多的液体将不断从塞孔溢出，随时用滤纸将瓶塞顶端擦干，待液体不再由塞孔溢出。

（3）从水浴中取出密度瓶要小心，取出及擦干密度瓶时，不能用手将整个密度瓶体握住来擦，因为密度瓶宜恒温，手直接握瓶会加热瓶体，致使测定结果不准。

3. 蒸馏水称量

取出密度瓶，用滤纸擦干其外壁上的水，立即称量。

注意事项

从恒温水浴中取出装有水和试样的密度瓶后，要迅速进行称量。当室温较高与20℃相差较大时，由于试样和水的挥发，天平读数变化较大，待读数基本恒定，读取四位有效数字即可。

4. 密度瓶清洗

将密度瓶中水倒出，用乙醇或乙醚清洗密度瓶并使之干燥。

5. 样品测定

以试样代替蒸馏水重复步骤2、3的操作。

密度的测定

（密度瓶法）

注意事项

（1）注满样品的密度瓶在恒温水浴中的保温时间控制在15min，使密度瓶及其内部试样温度达到20℃，保证测定温度的准确。

（2）整个装样和测定过程中不得有气泡。

（3）称量操作必须迅速，因为水和试样都有一定的挥发性，否则会影响测定结果的准确度。

记录与处理测定数据 ·→ ·→ ·→

测定数据及处理结果记录于表 3-2 中。

表 3-2　数据记录与处理

样品名称			测定项目		测定方法	
温　　度			测定时间		合作人	
测定次数				I		II
水的称量	密度瓶质量 m_0/g					
	瓶＋水质量 m_1/g					
	水的质量 $m_{水}$/g					
样品称量	密度瓶质量 m_0/g					
	瓶＋样品质量 m_2/g					
	样品质量 $m_{样}$/g					
样品密度 ρ/(g/cm³)						
平均值 $\bar{\rho}$/(g/cm³)						
相对平均偏差/%						
计算公式						
文献值(或参考值)/(g/cm³)						

在规定温度 20℃时，分别测定充满同一密度瓶的水及试样的质量，由水的质量和密度可以确定密度瓶的容积，也就是试样的体积，根据试样的质量及体积即可求其密度。

根据密度定义，可以推算出样品密度。

$$\rho = \frac{m_{样}}{m_{水}}\rho_0 \qquad (3\text{-}1)$$

式中　$m_{样}$——20℃时充满密度瓶的试样质量，g；

　　　$m_{水}$——20℃时充满密度瓶的水的质量，g；

　　　ρ_0——20℃时水的密度，$\rho_0 = 0.99823$g/cm³。

由于在测定时，称量是在空气中进行的，因此受到空气浮力的影响，可按下式计算密度以校正空气的浮力。

$$\rho = \frac{m_{样}+A}{m_{水}+A}\rho_0 \qquad (3\text{-}2)$$

$$A = \rho_0 \times \frac{m_{水}}{0.9970} \qquad (3\text{-}3)$$

式中，A 为空气浮力校正值，即称量时试样和蒸馏水在空气中减轻的质量，g。在通常情况下，A 值的影响很小，可以忽略不计。

考核内容	序号	考核标准	分值	得分
测定准备	1	恒温水浴温度调节正确	5	
密度瓶使用	2	检查密度瓶是否漏液正确	5	
	3	密度瓶洗涤、干燥正确	5	
	4	装样品时磨口瓶塞(或温度计)放置正确	5	
	5	装入待测液后瓶中无气泡	5	
测定步骤	6	蒸馏水和样品恒温正确	5	
	7	从恒温水浴中取出密度瓶正确	5	
	8	取出密度瓶后用滤纸擦干瓶外部水	5	
	9	蒸馏水称量正确	5	
	10	样品称量正确	5	
	11	样品平行测定两次	5	
测后工作及团队协作	12	仪器清洗、归位正确	2	
	13	药品、仪器摆放整齐	2	
	14	实验台面整洁	1	
	15	分工明确,各尽其职	5	
数据处理及测定结果	16	及时记录数据,记录规范,无随意涂改	10	
	17	密度计算正确	5	
	18	测定结果与标准值绝对差≤0.0012	10	
	19	相对平均偏差≤0.1%	10	
考核结果				

📖 知识拓展

一、相对密度

在实际工作中经常遇到相对密度。相对密度定义是:在一定温度和压力下,一物质的质量与同体积蒸馏水质量的比值,是一个无量纲数,用符号 d 表示。

物质的相对密度的计算公式为: $d_{t_1}^{t_2} = \dfrac{m_2}{m_1}$ （3-4）

物质的密度为: $\rho_{未知}^{t_2} = d_{t_1}^{t_2} = \rho_{水}^{t_1}$ （3-5）

式中　m_2——某一准确体积的未知物的质量,g;

　　　m_1——相同体积参比物(水)的质量,g;

　　　t_1——参比物的测定温度,℃;

　　　t_2——未知物的测定温度,℃;

　　　$\rho_{水}^{t_1}$——水在温度 t_1 时的密度,g/cm³;

　　　$\rho_{未知}^{t_2}$——未知物在温度 t_2 时的密度,g/cm³。

不同温度下水的密度见表 3-3。只要测得 $d_{t_1}^{t_2}$，就可以计算出未知物在 t_2 时的密度。通常取 4℃ 的水作参比物，4℃ 时水的密度 $\rho_{水}^4 = 1 g/cm^3$，则由上式得 $\rho_{未知}^{t_2} = d_4^{t_2}$，即未知物的密度与其相对密度在数值上相等。所以，通常相对密度是指在 20℃ 时某物质的质量与同体积的水在 4℃ 时的质量之比，用符号 d_4^{20} 表示。

表 3-3　不同温度下水的密度

温度/℃	密度/(g/cm³)	温度/℃	密度/(g/cm³)	温度/℃	密度/(g/cm³)	温度/℃	密度/(g/cm³)
0	0.9987	15	0.99913	19	0.99843	23	0.99756
4	1.00000	16	0.99879	20	0.99823	24	0.99732
5	0.99993	17	0.99880	21	0.99802	25	0.99707
10	0.99973	18	0.99862	22	0.99779	26	0.99567

二、密度与分子结构的关系

有机液态化合物的密度的大小由其分子组成、结构、分子间作用力所决定。一般有下列规律。

(1) 在同系列化合物中，分子量增大，密度随之增大，但增量逐渐减小。

(2) 在烃类化合物中，当碳原子数相同时，不饱和度越大，密度越大。即炔烃大于烯烃，烯烃大于烷烃。

(3) 分子中引入极性官能团后，其密度大于其母体烃。

(4) 分子中引入能形成氢键的官能团后，密度增大。官能团形成氢键的能力越强，密度越大。当碳原子数相同时，密度按下列顺序改变：$RCOOH > RCH_2OH > RNH_2 > ROR > RH$。

三、恒温槽及其使用

恒温槽是一种能提供恒定温度的槽体，可分为恒温空气槽（通常称作恒温箱）、恒温液体槽（通常称作恒温槽）。由于恒温的液体温度范围不同，又分为低温恒温槽（一般是 $-40 \sim 100℃$）、超级恒温槽（一般是室温~300℃）。又因为 100℃ 以上的液体介质不能用水而用油，通常又称为油槽。恒温槽的别名也有很多，比如恒温水油槽、恒温水浴锅、恒温水箱、恒温循环器、电热恒温水浴等，它们一般都是通过电阻丝来加热，压缩机制冷，辅助配以 PID 控制器，恒定一个比较标准的温度，从而达到实验要求。

1. 恒温槽结构

恒温槽由浴槽、加热器、搅拌器、接点温度计、继电器和温度计等部件组成（图3-4、图3-5）。

图 3-4　恒温槽

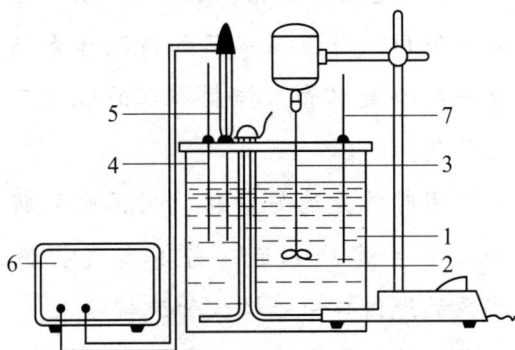

图 3-5　恒温槽装置图

1—浴槽；2—加热器；3—搅拌器；

4—温度计；5—感温元件；

6—恒温控制器；7—贝克曼温度计

（1）浴槽和恒温介质　超级恒温槽浴槽为金属筒，并用玻璃纤维保温。恒温温度在100℃以下大多采用水浴。恒温在50℃以上的水浴面上可加一层石蜡油，超过100℃用甘油、液体石蜡等作恒温介质。

（2）指示温度计　指示恒温槽内的实际温度。

（3）加热器　常用电阻丝加热圈，其功率一般在1kW左右。为改善控温、恒温的灵敏度，组装的恒温槽可用调压变压器改变炉丝的加热功率。

（4）搅拌器　搅拌器的作用是使介质能上下左右充分混合均匀，即使介质各处温度均匀。

（5）接点温度计　又称水银定温计，它是恒温槽的感温元件，用于控制恒温槽所要求的温度。

（6）继电器　继电器与接点温度计、加热器配合作用，才能使恒温槽的温度得到控制，当恒温槽中的介质未达到所需要控制的温度时，接点温度计水银柱与上铂丝是断离的，继电器打开加热器开关，此时红灯亮表示加热器正在加热，恒温槽中介质温度上升，当水温升到所需控制温度时，水银柱与上铂丝接触，继电器加热器开关关掉，停止加热。水向周围散热而使其温度下降，接点温度计水银柱又与上铂丝断离，继电器又重复前一动作，使加热器继续加热。

如此反复进行，使恒温槽内水温自动控制在所需要温度范围内。

2. 501型超级恒温槽的使用

（1）501型超级恒温槽（图3-6）附有电动循环泵，可外接使用，将恒温水压到待测体系的水浴槽中。还有一对冷凝水管，控制冷水的流量可以起到辅助恒温作用。

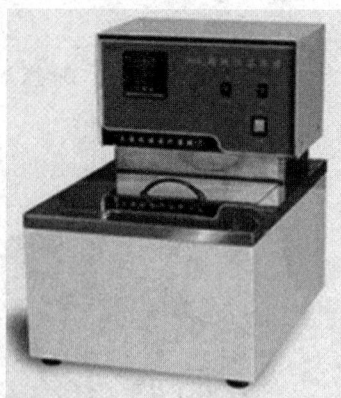

图3-6 501型超级恒温槽

（2）使用时首先连好管路，用橡胶管将水泵进出口与待测体系水域相连，若不需要将恒温水外接，可将泵的进出口用短橡胶管连接起来。

（3）旋松接点温度计调节帽上的固定螺钉，旋转调节帽，使指示标线上端调到所需温度，再旋紧固定螺钉。

（4）接通总电源，打开"加热"和"搅拌"开关，加热器、搅拌器及循环泵开始工作，水温逐渐上升。槽温逐渐升至所需温度，继电器红绿灯交替变换。

四、甘油的理化指标

GB/T 13206—2022《甘油》中规定了甘油的理化指标，见表3-4。

表3-4 甘油理化指标

项目		优等品	一等品	二等品
外观		透明无悬浮物		
气味		无异味		
色泽/Hazen 单位	≤	10	20	30
甘油含量/%	≥	99.5	98.0	95.0
密度(20℃)/(g/mL)	≥	1.2598	1.2559	1.2481
氯化物含量(以 Cl 计)/%	≤	0.001	0.01	—
硫酸化灰分/%	≤	0.01	0.01	0.05
酸度或碱度/(mmol/100g)	≤	0.050	0.10	0.30
皂化当量/(mmol/100g)	≤	0.40	1.0	3.0
砷含量(以 As 计)/(mg/kg)	≤	2	2	—
重金属(以 Pb 计)/(mg/kg)	≤	5	5	—
还原性物质		符合要求		—
二甘醇含量/%	≤	0.025		

任务总结

知识点

➢ 密度概念、影响因素、测定意义
➢ 密度瓶种类、用途
➢ 密度瓶法测密度原理
➢ 密度瓶法测定密度方法
➢ 密度计算方法

技能点

➢ 恒温水浴温度调节
➢ 密度瓶使用
➢ 密度瓶称量
➢ 水和样品称量
➢ 密度计算

任务二　韦氏天平法测定乙醇密度

看一看

乙醇

乙醇（C_2H_5OH），俗名酒精。提到酒精，我们很自然地想到酒以及和酒有关的：饮酒、醉酒、酒驾……酒精的用途可真是不少，食用酒精可以勾兑白酒；医用酒精可以用来杀菌消毒；酒精和汽油按一定比例调配可以制成乙醇汽油；酒精还是有机化工原料，可用来制取乙醛、乙醚、乙酸乙酯、乙胺等化工原料和染料、涂料、洗涤剂等。

密度是乙醇生产中很重要的一项技术指标，测定密度是乙醇产品检验的一项重要内容。

任务目标 ➠➠➠

1. 会安装和使用韦氏天平
2. 会用韦氏天平测定挥发性液体密度
3. 会根据测定数据正确计算样品密度

任务描述 ➠➠➠

密度瓶法适于测定非挥发性液体及固体密度。对于挥发性很大的液体,常采用韦氏天平法测定其密度。

依据阿基米德原理,当物体全部浸入液体时,物体所减轻的质量,等于物体所排开液体的质量。因此,20℃时分别测量同一物体(玻璃浮锤)在水及试样中的浮力。由于玻璃浮锤所排开的水的体积与所排开样品的体积相同,根据水的密度及浮锤在水与样品中的浮力,即可计算出液体样品的密度。

韦氏天平法测定液体密度也是 GB/T 611—2021《化学试剂密度测定通用方法》中规定的方法,适用于挥发性液体的测定。韦氏天平法比较简便、快速,但准确度较密度瓶法差。

仪器与试剂准备 ➠➠➠

韦氏天平法测定密度所用仪器与试剂见表 3-5。韦氏天平法测定密度的主要仪器是韦氏天平。韦氏天平的构造见图 3-7。

表 3-5　韦氏天平法密度测定所用仪器与试剂清单

项目	名　称	规　格
仪器	韦氏天平(液体密度天平)	PZ-A-5 型
	电吹风	220/240V,50/60Hz
	恒温水浴	温度可控制在(20.0 ± 0.1)℃
试剂	乙醇(洗涤用)	分析纯
试样	乙醇或丙酮	工业产品或化学试剂

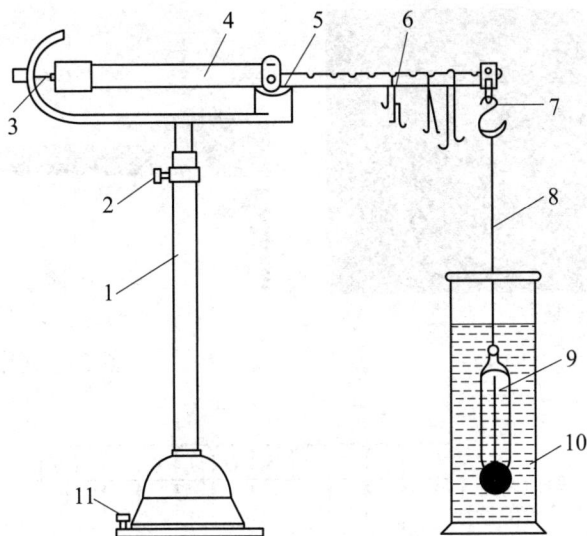

图 3-7　韦氏天平构造

1—支柱；2—支柱紧定螺钉；3—指针；4—横梁；5—刀口；

6—骑码；7—钩环；8—细铂丝；9—浮锤；10—玻璃筒；11—水平调节螺钉

小知识

韦氏天平

　　韦氏天平主要由支柱、横梁、玻璃浮锤及骑码等组成。天平横梁用支柱支在玛瑙刀座上，横梁的两臂形状不同，而且不等臂。长臂上刻有分度，末端有悬挂玻璃锤的钩环，短臂末端有指针，当两端平衡时，指针应和固定指针对正。旋松支柱紧定螺钉，支柱可上下移动。支柱的下部有一个水平调节螺钉，用于调节天平在空气中的平衡。

想一想

　　韦氏天平是怎么读数的呢？

　　每台天平有两套骑码，每套有大小不同的 4 个（见图 3-8），与天平配套使用。最大骑码的质量等于玻璃浮锤在 20℃水中所排开水的质量（约 5g）。其他骑码各为最大骑码的 1/10、1/100、1/1000。测定时，骑码直接加在天平横梁（见图 3-9）上。4 个骑码在天平横梁上各个位置的读数如图 3-10 所示。每个骑码在各个位置的读数方法也可参见表 3-6。韦氏天平读数示例见图 3-11。

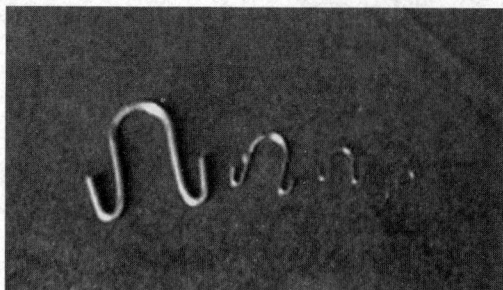

图 3-8　天平骑码

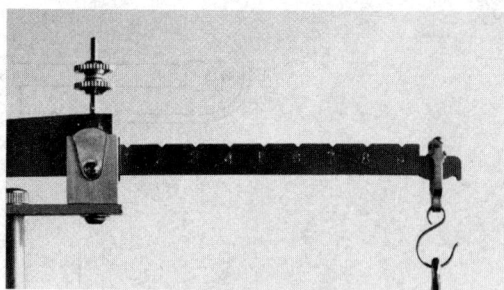

图 3-9　天平横梁

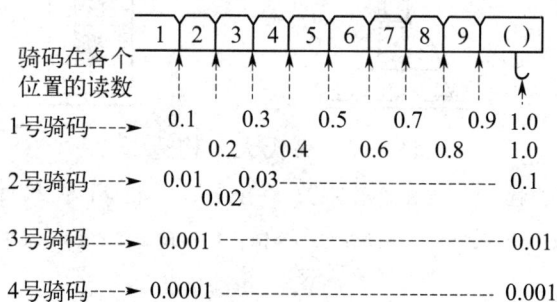

图 3-10　韦氏天平各骑码位置的读数

表 3-6　骑码在各个位置的读数

骑码位置	骑码种类			
	1 号	2 号	3 号	4 号
放在第十位	1.0	0.1	0.01	0.001
放在第九位	0.9	0.09	0.009	0.0009
放在第八位	0.8	0.08	0.008	0.0008
……	…	…	…	…
放在第一位	0.1	0.01	0.001	0.0001

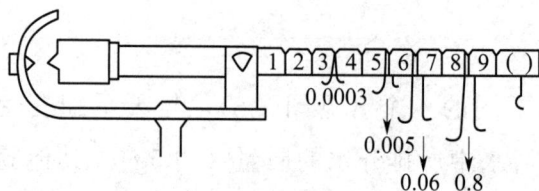

(a) 读数为0.8653

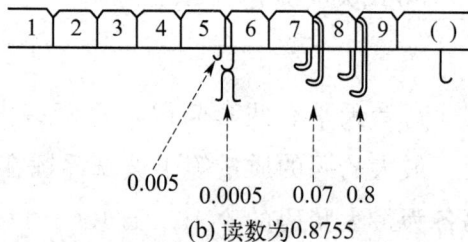

(b) 读数为0.8755

图 3-11　韦氏天平读数示例

任务实施 ➔➔➔➔➔➔

操作指南

```
检查      安装      调整      蒸馏水      洗涤玻
仪器  →  仪器  →  平衡  →  测定    →  璃浮锤
                                              ↓
清洗仪器   ←  平行测  ←  记录   ←   样品
整理台面     定两次      数据       测定
```

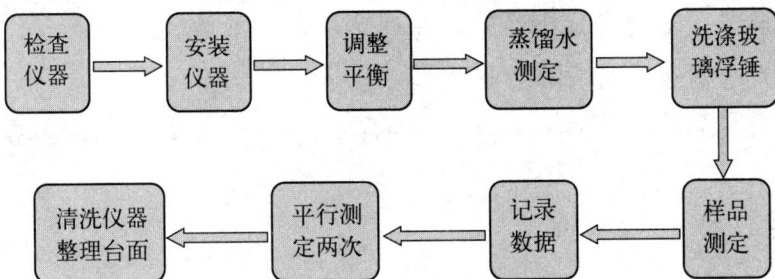

一、测定前准备

（1）检查仪器各部件是否完整无损。用清洁的细布擦净金属部分，用乙醇擦净玻璃筒、温度计、玻璃浮锤，并干燥。

（2）将仪器置于固定的平台上，旋松支柱紧定螺钉，使其调整至适当高度，旋紧螺钉。将天平横梁置于玛瑙刀座上，钩环置于天平横梁右端刀口上，将等重砝码挂于钩环上，见图 3-12。

（3）将等重砝码挂在天平横梁右端的钩环上，调整水平调节螺钉，使天平横梁左端指针和固定指针水平对齐，天平达到平衡，见图 3-13。

（4）取下等重砝码，换上玻璃浮锤，此时天平仍应保持平衡。允许有 ±0.0005 的误差。

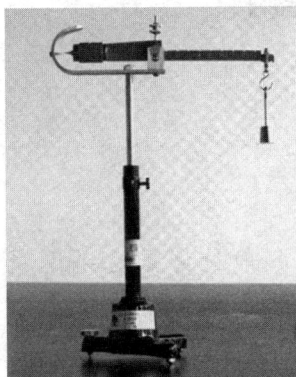

图 3-12　韦氏天平

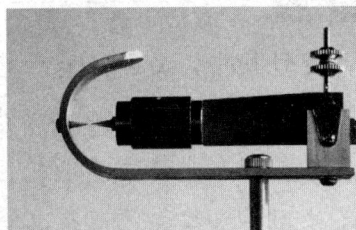

图 3-13　天平横梁左端指针和固定指针水平对齐

（1）在测定过程中不得再变动水平调节螺钉。若无法调节平衡时，则可用螺丝刀将平衡调节器上的定位小螺钉松开，微微转动平衡调节器，使天平平衡，旋紧平衡调节器上的定位小螺钉，在测定中严防松动。

（2）天平调整平衡后方可使用。

二、测定

（1）向玻璃筒内缓慢注入预先煮沸并冷却至约 20℃ 的蒸馏水，将浮锤全部浸入水中，不得带入气泡，浮锤不得与筒壁或筒底接触，玻璃筒置于（20.0±0.1）℃的恒温浴中，恒温 20min，然后由大到小把骑码加在横梁的 V 形槽上，使指针重新水平对齐，记录骑码的读数。见图 3-14。

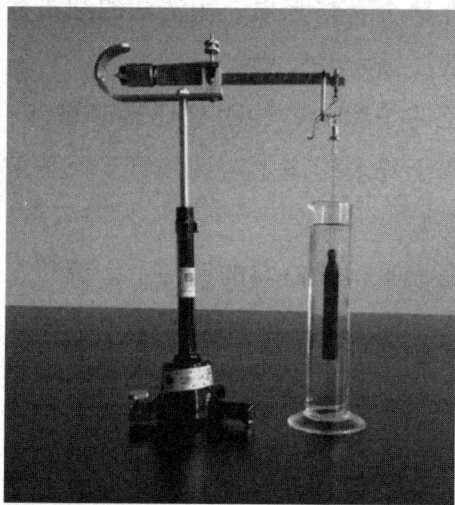

图 3-14　蒸馏水测定

（1）测定过程中，必须注意严格控制温度。

（2）取用玻璃浮锤时必须十分小心，轻取轻放，一般最好是右手用镊子夹住吊钩，左手垫绸布或清洁滤纸托住玻璃浮锤，以防损坏。

（3）不能用手直接拿骑码，各台仪器的骑码不可调换。

（2）将玻璃浮锤取出，倒出玻璃筒内的水，玻璃筒及浮锤用乙醇洗涤，并干燥。

（3）以试样代替水重复进行步骤（1）的操作。

小知识

应用韦氏天平法测定黏度较大的样品，当将浮锤浸入被测液时，因样品的黏度较大、流动性差、阻力极大，浮锤不易自然下坠，而在调节游码的数量和位置时，天平亦不易平衡，往往会因阻力过大使浮锤在被测液中不易上下移动或是接触到圆筒的内壁而造成平衡的假象，使测定结果有所偏差，重复性差。

注意事项

（1）韦氏天平使用完毕后，应将横梁 V 形槽和小钩上的骑码全部取下，不可留在横梁和小钩上。

（2）当天平要移动时，应将横梁等零件取下，以免损坏刀口。

（3）根据使用的频繁程度，要定期进行清洁工作和计量性能检定。当发现天平失真或有疑问时，在未清除故障前，应停止使用，待修理检定合格后方可使用。

记录与处理测定数据

测定数据及处理结果记录于表 3-7 中。

表 3-7　数据记录与处理

样品名称		测定项目				测定方法			
温度		测定时间				合作人			
测定次数		I				II			
蒸馏水测定	骑码	1	2	3	4	1	2	3	4
	骑码位置								
	读数 $m_水$/g								
样品测定	骑码	1	2	3	4	1	2	3	4
	骑码位置								
	读数 $m_样$/g								
20℃时水的密度 ρ_0/(g/mL)									

测定次数	I	II
样品密度ρ/(g/mL)		
平均值/(g/mL)		
相对平均偏差/%		
计算公式		
文献值(或参考值)/(g/mL)		

想一想

韦氏天平法如何计算液体密度？

当玻璃浮锤全部浸入液体时，浮锤排开水的体积与试样的体积相等。浮锤排开水的体积为：

$$V = \frac{m_水}{\rho_0} \qquad (3\text{-}6)$$

则试样的密度为：

$$\rho = \frac{m_样}{m_水}\rho_0 \qquad (3\text{-}7)$$

式中　ρ——试样在20℃时的密度，g/cm^3；

$\quad m_样$——浮锤浸于试样中的浮力（骑码读数），g；

$\quad m_水$——浮锤浸于水中的浮力（骑码读数），g；

$\quad \rho_0$——水在20℃时的密度，$\rho_0 = 0.99823 g/cm^3$。

任务考核评价

考核内容	序号	考核标准	分值	得分
测定准备	1	开启恒温水浴、温度调节正确	5	
	2	检查韦氏天平各部件是否完好正确	5	
	3	玻璃筒、温度计、玻璃浮锤擦净并干燥正确	5	
天平安装与调节	4	安装天平时戴手套正确	5	
	5	天平安装正确	5	
	6	天平水平调整正确(等重砝码、玻璃浮锤)	5	
测定步骤	7	玻璃浮锤在量筒中位置正确	5	
	8	调整天平骑码正确	5	
	9	蒸馏水测定后玻璃筒及浮锤洗涤并干燥再测定样品	5	
	10	韦氏天平读数正确	5	
	11	样品平行测定两次	5	

考核内容	序号	考核标准	分值	得分
测后工作 及团队协作	12	仪器清洗、归位正确	2	
	13	药品、仪器摆放整齐	2	
	14	实验台面整洁	1	
	15	分工明确，各尽其职	5	
数据处理 及测定结果	16	及时记录数据，记录规范、无随意涂改	10	
	17	密度计算正确	5	
	18	测定结果与标准值绝对差≤0.0012	10	
	19	相对平均偏差≤0.1%	10	
考核结果				

知识拓展

一、如何根据密度测出工业乙醇含量

已知有机酸、乙醇、蔗糖等水溶液浓度和密度的对应关系并制成表格，通过测定密度就可以由表格查出其对应的浓度。国家标准中工业乙醇含量就是通过测定密度查表得到的。例如，测得工业乙醇密度为 0.08060g/mL，则由表3-8中查得此工业乙醇的含量为 96.36%。

表 3-8　工业乙醇在 20℃ 下密度和含量对照表

密度ρ_{20}/(g/mL)	乙醇含量(体积分数)/%	密度ρ_{20}/(g/mL)	乙醇含量(体积分数)/%
0.08075	95.99	0.08060	96.36
0.08074	96.02	0.08059	96.39
0.08073	96.04	0.08058	96.40
0.08072	96.07	0.08057	96.43
0.08071	96.09	0.08056	96.45
0.08070	96.12	0.08055	96.48
0.08069	96.14	0.08054	96.51
0.08068	96.17	0.08053	96.53
0.08067	96.18	0.08052	96.56
0.08066	96.21	0.08051	96.58
0.08065	96.24	0.08050	96.60
0.08064	96.26	0.08049	96.62
0.08063	96.29	0.08048	96.65
0.08062	96.31	0.08047	96.67
0.08061	96.34	0.08046	96.70

二、无水乙醇规格

GB/T 678—2023《化学试剂乙醇（无水乙醇）》中规定了乙醇（无水乙醇）的规格（表3-9）。

表 3-9　乙醇（无水乙醇）规格

名称	优级纯	分析纯	化学纯
乙醇（CH_3CH_2OH）的质量分数/%	≥99.9	≥99.7	≥99.5
密度（20℃）/（g/mL）	0.789～0.791	0.789～0.791	0.789～0.791
与水混合实验	合格	合格	合格
蒸发残渣的质量分数/%	≤0.0005	≤0.001	≤0.001
酸度（以 H^+ 计）/（mmol/g）	≤$2×10^{-4}$	≤$4×10^{-4}$	≤$1×10^{-3}$
碱度（以 OH^- 计）/（mmol/g）	≤0.005	≤0.01	≤0.03
水的质量分数/%	≤0.1	≤0.3	≤0.5
甲醇（CH_3OH）的质量分数/%	≤0.005	≤0.05	≤0.2
异丙醇（$CH_3CHOHCH_3$）的质量分数/%	≤0.003	≤0.01	≤0.05
羰基化合物（以 CO 计）的质量分数/%	≤0.003	≤0.003	≤0.005
易碳化合物	合格	合格	合格
铁（Fe）的质量分数/%	≤0.00001	—	—
锌（Zn）的质量分数/%	≤0.00001	—	—
还原高锰酸钾物质（以 O 计）的质量分数/%	≤0.00025	≤0.00025	≤0.0006

任务总结

知识点

➢ 韦氏天平的构造及使用方法
➢ 韦氏天平测定密度原理
➢ 韦氏天平测定密度方法
➢ 韦氏天平读数
➢ 密度计算方法

技能点

➢ 韦氏天平安装
➢ 韦氏天平调整
➢ 韦氏天平读数
➢ 样品密度测定
➢ 密度计算

任务三　密度计法测定密度

思考与讨论

密度瓶法、韦氏天平法测定液体密度操作烦琐费时，有没有一种快速、简便的测定液体密度的方法呢？

　　1. 会根据被测样品选择密度计

　　2. 会用密度计测定液体密度

　　密度计法是一种最简单的密度测定方法，在工业上常用于测定液体的密度。它是将密度计插入待测样品中，通过密度计刻度直接读出样品的密度。密度计法的优点是可直接读数，操作快速简便；缺点是需要较多的样品，准确度较低。当样品量较大，而结果又不需要十分精确时，可用此法测定。

　　密度计法测定密度也是依据阿基米德原理工作的。密度计放入被测液体中，其总质量等于排开液体的质量。密度计的质量为定值，所以被测液体的密度越大、浮力越大，密度计浸入液体的体积就越小。按照密度计浮在液体中位置的高低，求得液体密度的大小，由密度计上管刻度直接读出密度值。

　　密度计测液体密度比较简便迅速，适用于准确度要求不高、试液黏度不大的样品，不适用于极易挥发的样品。

　　这种方法虽然准确度较低，但是简便、快速，常用于对测定精度要求不太高的工业生产中的日常控制测定。

　　密度计法测定密度所用主要仪器是密度计，密度计的结构如图 3-15 所示。所用仪器与试剂见表 3-10。

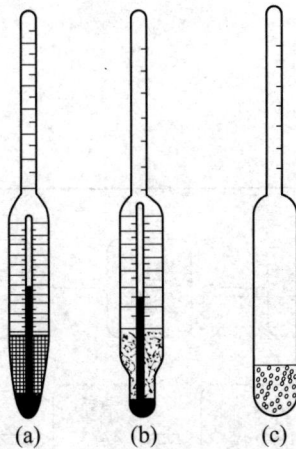

图 3-15　不同量程的密度计

表 3-10　密度计法测定密度所用仪器与试剂清单

项目	名　称	规　格
仪器	密度计(一套)	分度值为 0.002g/mL
	量筒	500mL 或 1000mL
	温度计	0~50℃,分度值为 0.1℃
试样	乙醇	工业产品或化学试剂
	丙酮	工业产品或化学试剂

小知识

密度计

（1）密度计是一支封口的玻璃管，中间部分较粗，内有空气，放在液体中，可以浮起。下部装有小铅粒形成重锤，使密度计直立于液体中。上部较细，管内有刻度标尺，可以直接读出相对密度值。

（2）密度计都是成套的，每套有若干支（见图 3-16、图 3-17），每支只能测定一定范围的密度。使用时要根据待测液体的密度大小选用不同量程的密度计。

图 3-16　一套密度计

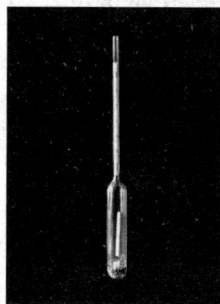

图 3-17　一支密度计

任务实施

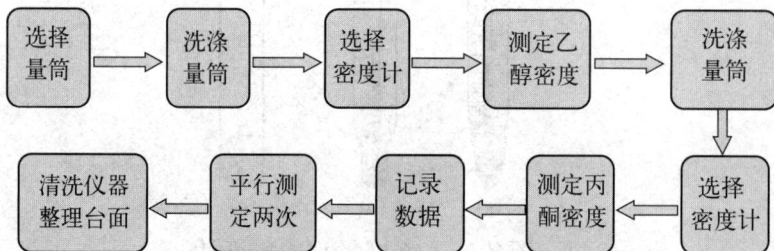

操作指南

选择量筒 → 洗涤量筒 → 选择密度计 → 测定乙醇密度 → 洗涤量筒

清洗仪器整理台面 ← 平行测定两次 ← 记录数据 ← 测定丙酮密度 ← 选择密度计

一、测定前准备

将用来盛装样品的量筒清洗干净，然后进行干燥。

二、乙醇密度测定

（1）装样品　将待测定的乙醇试样小心倾入清洁、干燥的玻璃圆筒中，注意不得使液体产生气泡。

（2）选择密度计　根据试样的密度在一套密度计中选择一支适当的密度计。

（3）测定　擦干净密度计，用手拿住其上端，轻轻地插入玻璃筒内，试样中不得有气泡，密度计不得接触筒壁及筒底，用手扶住使其缓缓上升。

（4）读数　待密度计停止摆动后，水平观察，读取待测液弯月面上缘的读数，见图 3-18。同时测量试样的温度。

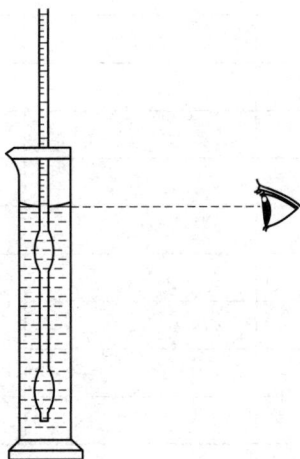

图 3-18　密度计读数

>> **注意事项**

（1）所用的玻璃筒应较密度计高大些，装入的液体不得太满，但应能将密度计浮起。

（2）密度计不可突然放入液体内，以防密度计与筒底相碰而受损。

（3）操作时应注意不要让密度计接触量筒的壁及底部，待测液中不得有气泡。

（4）读数时，眼睛视线应与液面在同一水平位置上，注意视线要与弯月面上缘平行。

三、丙酮密度测定

（1）将量筒中的乙醇倒出，量筒洗净干燥。

（2）按乙醇密度测定步骤测定丙酮密度。

记录与处理测定数据

测定数据及处理结果记录于表 3-11 中。

表 3-11 数据记录与处理

样品名称		测定项目		测定方法	
温度		测定时间		合作人	

测定次数		Ⅰ	Ⅱ	Ⅲ
乙醇密度测定	样品温度/℃			
	密度计读数/(g/mL)			
	乙醇密度/(g/mL)			
	相对平均偏差/%			
	文献值(或参考值)/(g/mL)			
丙酮密度测定	样品温度/℃			
	密度计读数/(g/mL)			
	丙酮密度/(g/mL)			
	相对平均偏差/%			
	文献值(或参考值)/(g/mL)			

任务考核评价

考核内容	序号	考核标准	分值	得分
测定准备	1	量筒选择正确	5	
	2	量筒洗涤干燥正确	5	
乙醇密度测定	3	密度计选择正确	5	
	4	样品装入量筒无气泡	5	
	5	密度计放入样品中正确	5	
	6	读数正确	5	
	7	样品平行测定三次	5	

考核内容	序号	考核标准	分值	得分
丙酮密度测定	8	密度计选择正确	5	
	9	样品装入量筒无气泡	5	
	10	密度计放入样品中操作正确	5	
	11	读数正确	5	
	12	样品平行测定三次	5	
测后工作及团队协作	13	仪器清洗、归位正确	2	
	14	药品、仪器摆放整齐	2	
	15	实验台面整洁	1	
	16	分工明确,各尽其职	5	
数据处理及测定结果	17	及时记录数据,记录规范、无随意涂改	10	
	18	测定结果与标准值绝对差≤0.0012	10	
	19	相对平均偏差≤0.1%	10	
考核结果				

知识拓展

密度作为物质的基本物理性质之一,是科学研究和工业控制的重要参数。密度瓶和液体密度计曾经是最常用的密度测量工具,但是随着对测量要求的不断提高,能够快速测量和精确测量的密度计被广泛地用到科研和生产领域。下面介绍几种不同的密度计。

一、DM-500 数字式密度计

DM-500 数字式密度计(图 3-19)依据的是 U 形振荡的原理。将待测样品盛放在一个 U 形玻璃管中,盛满。管子的两端进行固定,并开始振动。装满样品的管子的振动频率会随管中样品质量的不同而不同。

主要技术参数

(1)测试原理　U 形振动管法。

(2)测量物质　液体样品。

(3)测量范围　0~1.99999g/mL。

(4)密度精度　±0.0005g/mL。

(5)最小读数　0.0001g/mL。

（6）恒温控制　（20.0±0.1）℃。

（7）试样需求　约 2mL。

（8）进样方式　注射器手动注液或内置进样泵自动采样。

（9）可以储存 80 组，具有酒精浓度显示。

（10）电源　（220±22）V，（50±1）Hz，50V·A。

图 3-19　DM-500 数字式密度计　　图 3-20　EDS-300 数显液体密度计

二、EDS-300 数显液体密度计

现代微电子技术与阿基米德定律相结合而研发出来的新型密度测试仪器，改变了传统密度测定的烦琐操作，实现了不规则样品的快速准确测量，满足了现代产品生产及新材料研究过程中对样品密度的精确测量要求。

EDS-300 数显液体密度计（图 3-20）是依据阿基米德原理的浮力法设计，能快速直接读出液体密度值，测量范围广泛；具有开放式结构，易于清洗；具有密度上、下限功能，方便质量控制。

主要技术参数

（1）测试种类　添加剂、悬浮液、乳状液、分散。

（2）液、同构型溶液。

（3）测试时间　约 5s。

（4）密度范围　0.000～2.200g/mL。

（5）密度解析　0.001g/mL。

（6）功能　可直接显示密度。

（7）标准接口　RS-232。

三、便携式密度计

便携式密度计取样溶剂和速度可单手控制，左右手皆可操作，携带轻便，操作简单，现场测定，没有了将样品搬到实验室的烦恼，既可节省时间，又可随时校正；便携式密度计具有数字液晶显示屏和多样化显示内容；便携式密度计可以测定多种液体密度，样品需求量少，测量范围广，测定精度高，测定速度快，被广泛应用于化工、食品、饮料、日化、石油、电子、医药等行业。图3-21是几种不同的便携式密度计。

(a) Densito 30PX便携式密度计

(b) DA-130N型密度计

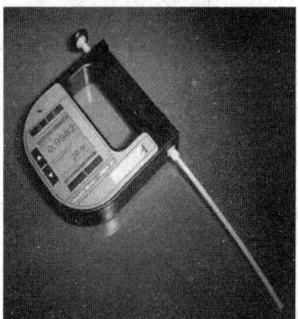

(c) dma35型密度计

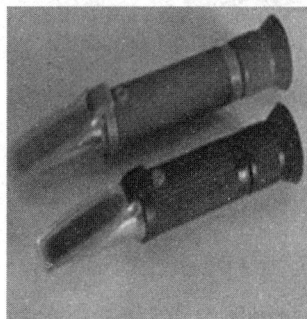

(d) 黑白密度计

图 3-21　几种不同的便携式密度计

任务总结

知识点	技能点
➢ 密度计选择	➢ 密度计选择
➢ 密度计测定原理	➢ 密度计使用
➢ 密度计的使用方法	➢ 密度计读数

拓展任务　密度瓶法测定固体密度

思考与讨论

前面几种方法测定的都是液体样品的密度，固体样品的密度怎么测定呢？

任务目标 ┅┅┅┅┅┅

1. 会使用密度瓶
2. 能用密度瓶准确测定固体密度
3. 能正确计算固体密度

任务描述 ┅┅┅┅┅

在分析检测工作中，有时也会遇到测定固体样品密度的问题。测定固体密度的方法有很多，常用的有密度瓶法、天平法。GB/T 4472—2011《化工产品密度、相对密度的测定》中规定的密度瓶法，是常用并且简便的方法，适用于测定高于天平室温度固体样品的密度。

测定时，把试样放进已知体积的密度瓶中，加入测定介质，试样的体积可由密度瓶体积减去测定介质的体积求得，则试样密度为试样质量与其体积之比。

仪器与试剂准备 ┅┅┅┅

密度瓶法测定固体密度用的密度瓶如图 3-22 所示，体积为 25mL。所需仪器与试剂见表 3-12。

表 3-12　密度瓶法测定固体密度所用仪器与试剂清单

项目	名称	规格
仪器	密度瓶	25mL
	电吹风	220/240V,50/60Hz
	恒温水浴	温度可控制在(23.0±0.5)℃
	分析天平	感量0.1mg
试剂	乙醇或乙醚	分析纯
试样	固体试样	粉、粒状或板、棒、管状

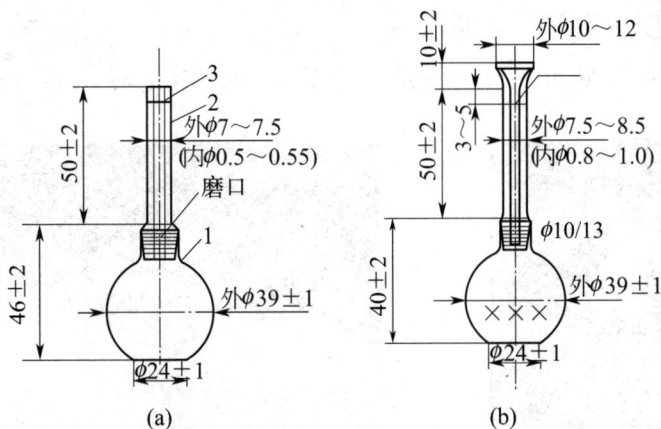

图 3-22　密度瓶（单位：mm）

1—主体；2—盖；3—毛细管

小知识

对样品的要求

试样可以是粉状、粒状或板、棒、管等制品形状，具体要求如下：

（1）成型试样应清洁，无裂缝、气泡等缺陷。

（2）试样需要进行干燥处理时，处理条件要严格按产品标准规定。

（3）试样在试验前，应在规定室温下放置不少于2h，当试样温度与室温相差较大时，应延长放置时间，以达温度均衡。

（4）试样在存放期间，应避免阳光照射，远离热源。

任务实施

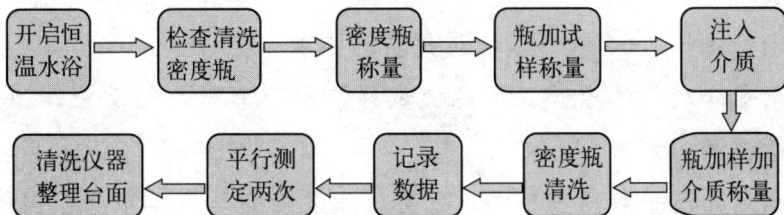

一、测定前准备

（1）开启恒温水浴，使温度恒定在（23.0±0.5）℃。

（2）检查密度瓶磨口是否漏液。

（3）将密度瓶（见图3-23）洗净并干燥，冷却至室温。

(a)   (b)

图 3-23　密度瓶

二、密度测定

（1）密度瓶称量　将洗净并干燥的密度瓶带瓶塞在天平上称取准确质量 m。

（2）密度瓶加试样称量　将密度瓶中装满试样，在天平上称取准确质量 m_3。

（3）注入介质　向已经装满试样的密度瓶中注入部分测定介质，轻微振荡，试样充分湿润后，继续将密度瓶注满。

>> **注意事项**

  试样表面和介质中不得有气泡，当以蒸馏水为测定介质时，若有悬浮或湿润不好的现象可加 $0.5\sim1$ 滴湿润剂（如磺化油等）。

小知识

对介质的要求

（1）测定介质应纯净并且不能使试样溶解、溶胀及起反应，但试样表面必须为介质所湿润。

（2）测定介质一般用蒸馏水，也可选用其他介质（二甲苯、煤油等）。

（4）密度瓶加介质和试样称量　将装满测定介质和试样的密度瓶，盖严瓶盖，放入 $(23.0\pm0.5)℃$（GB/T 4472—2011 中规定温度）水浴中，恒温 30min以上，取出擦干，立即称其质量 m_2。

（5）密度瓶加介质称量　将密度瓶清洗、干燥，充满测定介质，放入恒温水浴后重复上述操作，称其质量 m_1。

记录与处理测定数据

测定数据及处理结果记录于表 3-13 中。

表 3-13　数据记录与处理

样品名称		测定项目		测定仪器	
温度		测定时间		合作人	
测定次数		Ⅰ		Ⅱ	
密度瓶质量 m/g					
密度瓶加试样质量 m_3/g					
密度瓶加试样加介质质量 m_2/g					
密度瓶加介质质量 m_1/g					
密度瓶体积 V/cm³					
密度瓶中介质体积 V_1/cm³					
样品密度 ρ/(g/cm³)					
平均值/(g/cm³)					
相对平均偏差/%					
计算公式					
文献值（或参考值）/(g/cm³)					

想一想

如何根据测定数据计算样品密度？

（1）密度瓶的体积　密度瓶的体积为 V，单位 cm³。

$$V = \frac{m_1 - m}{\rho_0} \tag{3-8}$$

式中　m——空密度瓶的质量，g；

　　　　m_1——充满测定介质的密度瓶的质量，g；

　　　　ρ_0——测定温度下测定介质的密度，g/cm³。

（2）密度瓶里测定介质的体积　密度瓶里测定介质的体积为 V_1，单位 cm³。

$$V_1 = \frac{m_2 - m_3}{\rho_0} \tag{3-9}$$

式中　m_2——放入适量试样并充满测定介质的密度瓶的质量，g；

m_3——放入适量试样的密度瓶的质量，g。

（3）试样的密度　　试样密度为ρ，单位 g/cm^3。

$$\rho = \frac{m_3 - m}{V - V_1} \qquad (3\text{-}10)$$

任务考核评价

考核内容	序号	考核标准	分值	得分
测定准备	1	恒温水浴温度调节正确	5	
密度瓶使用	2	检查密度瓶是否漏液正确	5	
	3	密度瓶洗涤、干燥正确	5	
	4	装样品时密度瓶盖放置正确	5	
测定步骤	5	密度瓶称量正确	5	
	6	密度瓶加试样称量正确	5	
	7	密度瓶加试样注入介质后试样表面和介质中无气泡	5	
	8	密度瓶加试样和介质后恒温水浴正确	5	
	9	密度瓶加试样和介质称量正确	5	
	10	密度瓶加介质称量正确	5	
	11	样品平行测定两次	5	
测后工作及团队协作	12	仪器清洗、归位正确	2	
	13	药品、仪器摆放整齐	2	
	14	实验台面整洁	1	
	15	分工明确，各尽其职	5	
数据处理及测定结果	16	及时记录数据，记录规范、无随意涂改	10	
	17	密度计算正确	5	
	18	测定结果与标准值绝对差≤0.0012	10	
	19	相对平均偏差≤0.1%	10	
考核结果				

任务总结

知识点

➢ 测定原理

➢ 对样品的要求

➢ 对介质的要求

➢ 密度瓶法测定固体密度的方法

➢ 密度计算方法

技能点

➢ 恒温水浴调节

➢ 密度瓶称量

➢ 加试样称量

➢ 加试样和介质称量

➢ 加介质称量

➢ 密度计算

一、填空题

1. 密度的定义是 _____，用符号 _____ 表示，单位为 _____；国家标准规定密度在 _____℃恒温测定，使用的实验室用水 _____ 级标准。

2. 密度瓶法是通过测出 _____ 和 _____，从而确定物质密度的方法，适用于测定 _____ 密度。

3. 韦氏天平法适用于 _____ 的测定，其准确度较密度瓶法 _____。

4. 韦氏天平主要由 _____、_____、_____ 及 _____ 等组成。

5. 密度计法是一种最简单的密度测定方法，它是将 _____ 插入待测样品中，通过 _____ 刻度直接读出样品的密度。

二、选择题

1. 密度测定，仲裁分析采用（   ）。

A. 密度瓶法   B. 韦氏天平法   C. 密度计法   D. 称量法

2. 密度瓶法测定试样密度时，蒸馏水装入密度瓶中有气泡，试样密度测定结果（   ）。

A. 偏高   B. 偏低   C. 无法确定

3. 浮锤的金属丝折断后应用（   ）重新连接。

A. 任何金属丝   B. 铂丝   C. 相同的金属丝   D. 细线

4. 测定挥发性液体产品的密度，应该采用（   ）。

A. 密度瓶法   B. 韦氏天平法   C. 密度计法   D. 称量法

5. 加骑码使天平保持平衡的顺序应为（   ）。

A. 大小骑码加入顺序无关   B. 先加小骑码，后加大骑码

C. 先加大骑码，后加小骑码   D. 大小骑码同时加入

6. 韦氏天平有（   ）级骑码，其最小读数可精确到（   ）。

A. 三级 0.0001   B. 四级 0.0001   C. 五级 0.0001   D. 四级 0.001

7. 用密度瓶法测定密度时，20℃纯水质量为 50.2506g，试样质量为 48.3600g，已知 20℃时纯水的密度为 0.9982g/mL，该试样密度为（   ）。

A. 0.9982g/mL   B. 1.0372g/mL   C. 0.9606g/mL   D. 1.0410g/mL

三、判断题

1. 国家标准规定，液态产品密度的标准测定温度为 25℃。   （   ）

2. 密度计法的准确度要好于密度瓶法。   （   ）

3. 韦氏天平法的准确度比密度瓶法更好。   （   ）

4. 在用韦氏天平法测定样品的密度时，注入量筒的样品的体积与校验时水的体积必须相同。   （   ）

四、简答题

液体密度的测定方法有几种？简述各种测定方法的原理。

五、计算题

1. 使用密度瓶法测定某样品的密度时，称得空密度瓶质量为 40.1800g，于 20℃充满蒸馏水的密度瓶的质量为 65.1400g，同样条件下装入试样后的质量为 60.2090g。求该样品的密度。

2. 已知分析纯：邻二甲苯 $\rho = 0.8590 \sim 0.8820 g/cm^3$；对二甲苯 $\rho = 0.8590 \sim 0.8630 g/cm^3$；氯苯 $\rho = 1.1050 \sim 1.1090 g/cm^3$，用韦氏天平法测定两试样，得如下数据：

位置	骑码	1	2	3	4	位置	骑码	1	2	3	4
	水中	10	0	0	2		试样 2 中	10	0	8	0
	试样 1 中	8	6	6	0						

（1）试确定试样 1 是邻二甲苯还是对二甲苯。

（2）试确定试样 2 是否为分析纯氯苯。

项目四
测定折射率

思考与讨论

　　将一支玻璃棒斜插入盛水的烧杯中，我们看到玻璃棒在液面处好像弯折了，这是为什么？在繁星满天的夜晚，仰望天空，星星一闪一闪的像是在向我们眨眼睛，这又是为什么？

　　折射率也叫折光率，是物质的光学常数，它和沸点、密度等一样，也是物质的重要物理常数之一，折射率作为液体化合物纯度的标志，它比沸点更可靠。通过测定溶液的折射率，可以了解物质的光学性能，鉴定未知样品，判断化合物的纯度，也可以定量分析溶液的浓度。

　　GB/T 614—2021《化学试剂折光率测定通用方法》中规定了用阿贝折射仪测定液体有机试剂折射率的通用方法。

任务　测定蔗糖溶液折射率

看一看

蔗糖

图片中的这些食品都和蔗糖有关。蔗糖是人类最基本的食品添加剂之一，我们平时使用的白糖、红糖、冰糖等食糖的主要成分就是蔗糖，蔗糖对人类的营养和健康起着重要的作用，蔗糖的甜美和利用蔗糖作添加剂生产出来的食品，给人类带来了无限的享受。在饮料生产中，通过饮料中的糖度可以辨别饮料的种类和质量，而对糖度的控制主要是通过测定其折射率来实现的。蔗糖（$C_{12}H_{22}O_{11}$）溶液的折射率随浓度增大而升高，通过测量折射率的变化就能控制饮料糖度及糖水罐头等食品的糖度，还可以测定以糖为主要成分的果汁、蜂蜜等食品中可溶性固形物的含量。

💡 **想一想**

蔗糖溶液的折射率是怎么测定的呢？

任务目标 ⟫ ⟫ ⟫

1. 会使用阿贝折射仪
2. 会用阿贝折射仪测定样品折射率
3. 会维护和保养阿贝折射仪

任务描述 ⟫ ⟫ ⟫

折射率也称折光率。由于光在两种不同介质中的传播速度不同，光线从一种介质进入另一种介质，当它的传播方向与两种介质的界面不垂直时，在界面处的传播方向就会发生改变，这种现象称为光的折射现象。固体、气体和液体都有折射现象。

根据折射定律，波长一定的单色光在一定的温度和压力下，从一种介质 A 进入另一种介质 B 时（如图 4-1 所示），入射角 α 和折射角 β 的正弦之比和这两种介质的折射率 N（介质 A 的）与 n（介质 B 的）成反比，即

$$\frac{\sin\alpha}{\sin\beta} = \frac{n}{N} \tag{4-1}$$

当介质 A 是真空时，规定 $N=1$，则

$$n = \frac{\sin\alpha}{\sin\beta} \tag{4-2}$$

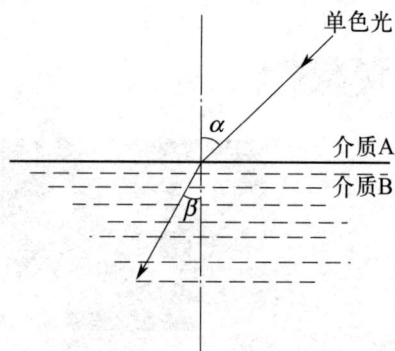

图 4-1 光的折射

一种物质的折射率，就是光线从真空进入该介质时的入射角和折射角正弦之比。这种折射率称为该介质的绝对折射率。在实际应用中，通常以空气作为入射介质，并作为比较的标准，如此测得的折射率，称为某介质对空气的相对折射率。若以空气为标准测得的相对折射率乘上 1.00029（空气的绝对折射率）即为该介质的绝对折射率。

折射率是物质的特征物理常数之一。某一特定介质的折射率不仅与物质的结构有关，也会随测定时的温度和入射光的波长不同而改变。随温度的升高，物质的折射率降低，入射光波长越长，测得的折射率越小。所以在表示折射率时，必须注明所用光源波长和测定时的温度。

实际应用中，以 20℃ 为标准温度，以黄色钠光（钠灯的 D 线，$\lambda = 589.3nm$）为标准光源，折射率用符号 n_D^{20} 表示。例如，水的折射率：$n_D^{20} = 1.3330$；苯的折射率：$n_D^{20} = 1.5011$。由于光在空气中的传播速度（除空气以外的其他介质）最快，因此，任何物质的折射率都大于 1。

在分析工作中，一般是测定在室温下为液体的物质或低熔点的固体物质的折射率，用阿贝折射仪测定。

阿贝折射仪是根据临界折射现象设计的。当光从折射率为 n 的被测物质进入折射率为 N 的棱镜时，入射角为 i，折射角为 γ，则

$$\frac{\sin i}{\sin \gamma} = \frac{N}{n} \tag{4-3}$$

随着入射角 i 的改变，折射角也相应地按一定比例改变，当入射角变化为 90° 时，折射角达到极限，此时的折射角称为临界角，以 γ_c 表示。在这种情况下，$i = 90°$，$\sin i = 1$。

在阿贝折射仪中，入射角 $i = 90°$，代入式得：

$$\frac{1}{\sin \gamma_c} = \frac{N}{n} \tag{4-4}$$

$$n = N \sin \gamma_c \tag{4-5}$$

棱镜的折射率 N 为已知值，在温度、单色光波长保持恒定的条件下，通过测量临界角 γ_c 即可求出被测物质的折射率 n。

阿贝折射仪测定液体折射率，操作简便，在数分钟内即可测完，适用于浅色、透明、折射率范围在 1.300～1.700 的液体有机试剂的测定。

阿贝折射仪测定蔗糖溶液的折射率所用仪器与试剂见表 4-1。

测定蔗糖溶液折射率的主要仪器是阿贝折射仪，阿贝折射仪的结构见图 4-2。

表 4-1 阿贝折射仪测定蔗糖溶液折射率所用仪器与试剂清单

项目	名称	规格
仪器	阿贝折射仪	测量范围(折射率)1.300~1.700
	超级恒温水浴	控温精度为 0.1℃
	擦镜纸或脱脂棉	
	标准玻璃块	
试剂	蒸馏水	二级
	乙醚	分析纯
试样	蔗糖(或乙酸乙酯、丙酮等)	分析纯
	含糖饮料	市售

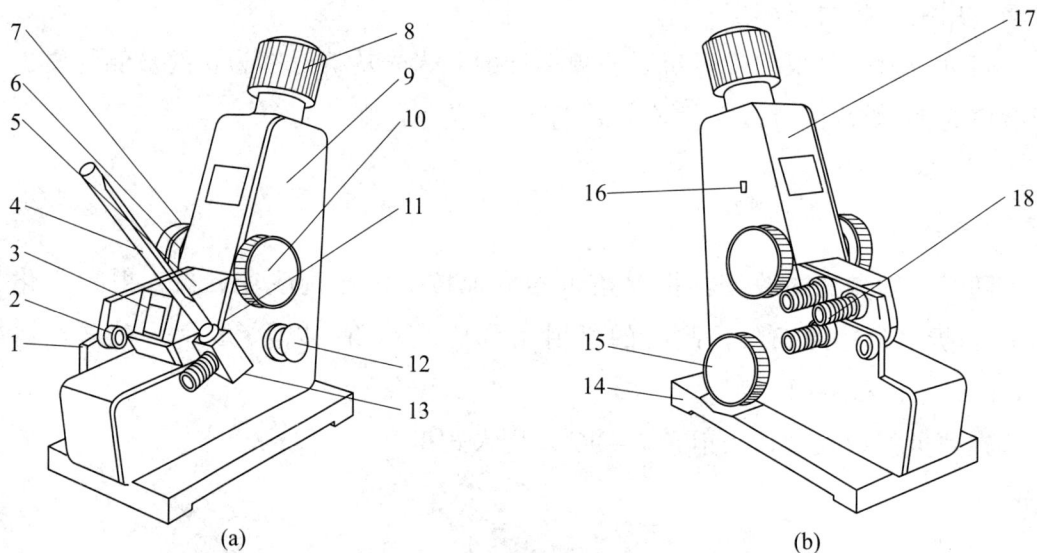

(a)   (b)

图 4-2 2WAJ 型阿贝折射仪结构图

1—反射镜；2—棱镜连接转轴；3—遮光板；4—温度计；5—进光棱镜座；6—色散调节手轮；

7—色散刻度盘；8—目镜；9—盖板；10—锁紧手轮；11—折射棱镜座；12—聚光镜；

13—温度计座；14—底座；15—折射率刻度调节手轮；

16—示值调节螺钉；17—壳体；18—恒温器接头

阿贝折射仪（见图 4-3）的主要部件是由两块直角棱镜组成的棱镜组，见图

4-4。上面一块光滑的是折射棱镜，下面一块表面磨砂的是进光棱镜。光线由反射镜反射入下面的棱镜，发生漫射，以不同入射角射入两个棱镜之间的液层，然后射到上面棱镜的光滑表面上，由于它的折射率很高，一部分光线可以再经折射进入空气而到达测量望远镜，另一部分光线则发生全反射。在主棱镜上面望远镜的目镜视野中出现明暗两个区域。转动棱镜组转动手轮，调节棱镜组的角度，直至视野里明暗分界线与"×"的交叉点重合为止，如图 4-5 所示。

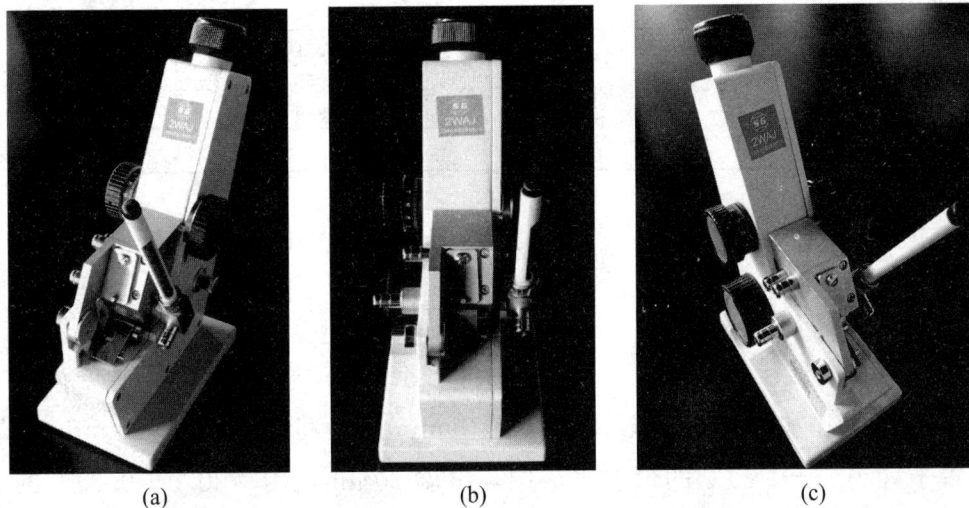

(a)   (b)   (c)

图 4-3　阿贝折射仪

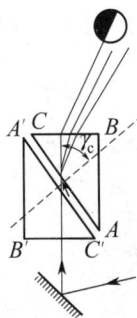

图 4-4　阿贝折射仪机械结构示意图　　图 4-5　阿贝折射仪在临界角时目镜视野图

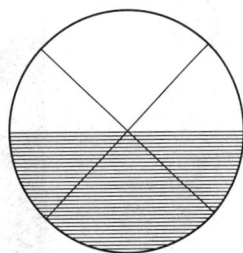

　　由于刻度盘与棱镜组是同轴的，因此与试样折射率相对应的临界角位置，通过刻度盘反映出来，刻度盘读数已将此角度换算为被测液体对应的折射率数值，由读数目镜中直接读出。光源是日光，在测量望远镜下面设计了一套消色散棱镜，旋转消色散手轮，消除色散，使明暗分界线清晰，所得数值即相当于使用钠光 D 线的折射率。

任务实施 ···▸···▸···▸

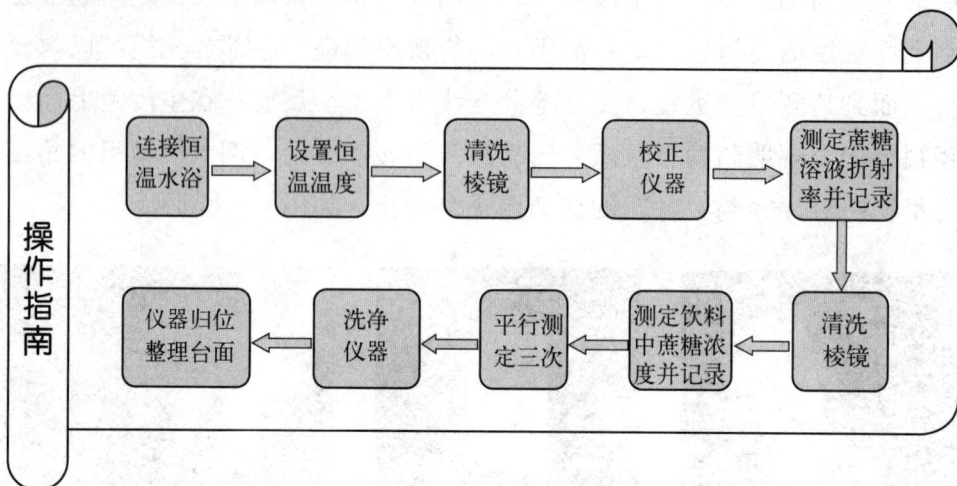

一、测定前准备

（1）配制蔗糖样品溶液。准确称取 10g（准确到小数点后四位）蔗糖试样于 150mL 烧杯中，加 50mL 水溶解，放置 30min 后，将溶液转入 100mL 容量瓶中，置于（20.0±0.5）℃的恒温水浴中，恒温 20min，用（20.0±0.5）℃的蒸馏水稀释至刻度，备用。

（2）放置折射仪于光线充足的位置，将恒温水浴与折射仪连接，调节恒温水浴温度，使仪器温度保持在（20.0±0.1）℃，见图 4-6。

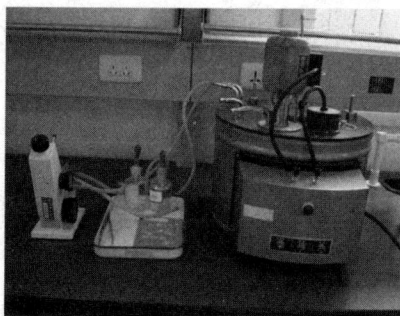

图 4-6　折射仪与恒温水浴连接

📚 **小知识**

阿贝折射仪是测定液体折射率最常用的仪器。通常为了恒定测量温度，还需配备一台超级恒温水浴一起使用，见图 4-6。

（3）清洗棱镜表面，松开锁紧手轮，开启下面棱镜（见图 4-7），滴 1～2 滴乙醚于镜面上。合上棱镜（见图 4-8），过 1～2min 后打开棱镜，用擦镜纸或脱脂棉轻轻擦洗镜面。再用镜头纸或脱脂棉将溶剂吸干。

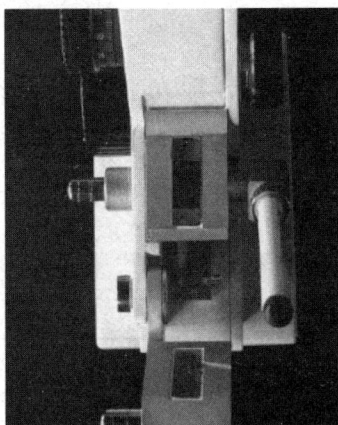

图 4-7　开启棱镜

图 4-8　合上棱镜

→〗 注意事项

　　阿贝折射仪在使用前后，棱镜均需用乙醚洗净，并干燥；使用时一定要注意保护棱镜组，滴管或其他硬物不得接触镜面。擦洗镜面时只能用脱脂棉或擦镜纸轻轻擦拭，不能用滤纸擦，严禁油手和汗手触及光学零件。

二、仪器校正

待镜面干净后用重蒸馏水（二级水）校正阿贝折射仪。

（1）滴 1～2 滴重蒸馏水（二级水）于镜面上，关紧棱镜。

（2）转动折射率刻度调节手轮，使读数镜内标尺读数等于重蒸馏水的折射率（$n_D^{20} = 1.3330$）。

（3）调节反射镜，使目镜中的视场最亮；调节目镜视度，使视场最清晰；转动色散调节手轮，消除色散。

（4）用一特制的小旋具微量旋动示值调节螺钉，使明暗交接线和"×"中心对齐，如图 4-5 所示，至此，校正完毕。

阿贝折射仪校正

当折射仪刻度盘上标尺的零点发生移动，或对测量数据有怀疑时，须对仪器进行校准。校准阿贝折射仪可用下面两种方法。

（1）用测定蒸馏水折射率的方法来校正阿贝折射仪，即在20℃时，纯水的折射率为1.3330，折射仪的刻度数应相符合，若温度不在20℃时，折射率亦有所不同。根据实验所得，温度在10～30℃时，蒸馏水的折射率如表4-2所示。

表4-2　水在不同温度下的折射率

温度/℃	折射率 n_D	温度/℃	折射率 n_D	温度/℃	折射率 n_D
10	1.33371	17	1.33324	24	1.33263
11	1.33363	18	1.33316	25	1.33253
12	1.33359	19	1.33307	26	1.33242
13	1.33353	20	1.33299	27	1.33231
14	1.33346	21	1.33290	28	1.3320
15	1.33339	22	1.33281	29	1.33208
16	1.33332	23	1.33272	30	1.33196

（2）用具有一定折射率的标准玻璃块来校正阿贝折射仪。

无论用蒸馏水或标准玻璃块来校正折射仪，如遇读数不正确时，可借助仪器上特有的校正螺旋，将其调整到正确读数。

三、测定蔗糖溶液折射率

（1）重新清洗、擦干棱镜表面，用滴管向棱镜表面滴加数滴20℃左右的蔗糖样品溶液，立即闭合棱镜并旋紧，应使样品均匀、无气泡并充满视场，待棱镜温度计读数恢复到（20.0±0.1）℃。

注意事项

（1）每次测定工作之前及进行示值校准时必须将进光棱镜的毛面、折射棱镜的抛光面及标准试样的抛光面，用蘸有乙醇或乙醚等挥发性溶剂的擦镜纸或脱脂棉轻轻擦拭干净，以免留有其他物质，影响成像清晰度和测量精度。

（2）装入样品时，滴加量要适合，太少会产生气泡，导致观测不到清晰的明暗分界面，过多又会溢出沾污仪器。

（2）打开遮光板，合上反射镜，调节目镜视度，使"×"成像清晰；旋转折射率刻度调节手轮使视场中出现明暗界限，同时旋转色散棱镜手轮，使界限处所呈彩色完全消失，再旋刻度调节手轮使明暗界限在"×"中心，见图4-9。

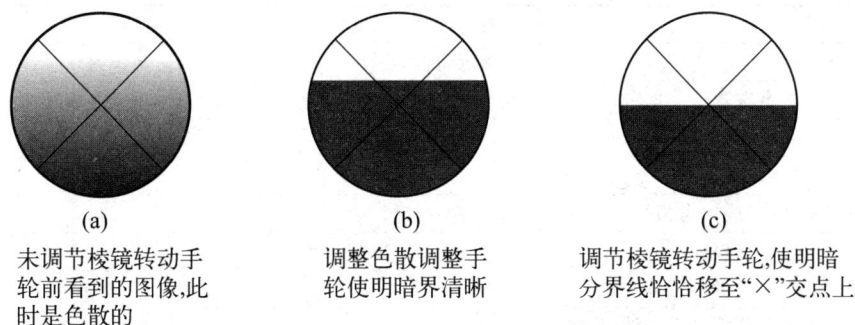

(a)	(b)	(c)
未调节棱镜转动手轮前看到的图像,此时是色散的	调整色散调整手轮使明暗界清晰	调节棱镜转动手轮,使明暗分界线恰恰移至"×"交点上

图 4-9　调节过程图像

（3）观察读数镜视场中标尺下方所指示的刻度值，即为所测折射率值，估读至小数点后第四位。平行测定三次。

四、测定饮料中蔗糖的浓度

（1）重新清洗棱镜，擦干棱镜表面，用滴管向棱镜表面滴加数滴 20℃ 左右的含糖饮料，重复步骤三中的（1）、（2）操作。

（2）观察读数镜中标尺上方所示的刻度值，即为所测饮料中蔗糖的浓度，读到小数点后第四位，平行测定三次。

（3）测定完毕，必须拭净镜身各机件、棱镜表面并使之光洁，在测定水溶性样品后，用脱脂棉吸水洗净，若为油类样品，须用乙醇或乙醚、苯等拭净。

注意事项

（1）用完后，要将金属套中的水放尽，拆下温度计并放在纸套中，将仪器擦干净，放入盒中。

（2）折射仪不能放在日光直射或靠近热源的地方，以免样品迅速蒸发。

（3）酸、碱等腐蚀性的液体不得使用阿贝折射仪测定其折射率，可用浸入式折射仪测定。

（4）折射仪不用时需放在木箱内，并置于干燥处。

（5）仪器应避免强烈震动或撞击，以防止光学零件损伤及影响精度。

测定数据及处理结果记录于表 4-3 中。

表 4-3　数据记录与处理

样品名称		测定项目		测定仪器及型号	
温　　度		测定时间		合作人	
测定次数		Ⅰ	Ⅱ	Ⅲ	
蔗糖溶液折射率测定	蔗糖溶液折射率				
	平均值				
	文献值(或参考值)				
	相对平均偏差/%				
饮料中蔗糖浓度测定	饮料中蔗糖的浓度/%				
	饮料中蔗糖的平均浓度/%				
	相对平均偏差/%				
	参考值				

任务考核评价 ··▶··▶··▶··▶

考核内容	序号	考核标准	分值	得分
测定准备	1	阿贝折射仪与恒温水浴连接正确	5	
	2	恒温水浴温度设定(20.0±0.1)℃正确	5	
	3	用乙醚清洗棱镜表面,擦拭干净	5	
仪器校正	4	二级蒸馏水校正折射率1.3330	5	
	5	调节过程正确,使明暗交接线和"×"中心对齐	5	
蔗糖溶液折射率测定	6	测定前重新清洗擦干棱镜	2	
	7	样品加入正确,滴管尖无触及镜面	2	
	8	样品加入适量,液层均匀、充满视场、无气泡	2	
	9	调节过程正确,使明暗交接线和"×"中心对齐	2	
	10	读数正确,估读至小数点后第四位	5	
	11	样品测定三次	2	
饮料中蔗糖浓度测定	12	测定前重新清洗擦干棱镜	2	
	13	样品加入正确,滴管尖无触及镜面	2	
	14	样品加入适量,液层均匀、充满视场、无气泡	2	
	15	调节过程正确,使明暗交接线和"×"中心对齐	2	
	16	读数正确,估读至小数点后第四位	5	
	17	样品测定三次	2	

考核内容	序号	考核标准	分值	得分
测后工作及团队协作	18	仪器清洗、归位	5	
	19	药品、仪器摆放整齐	5	
	20	实验台面整洁	5	
	21	分工明确,各尽其职	5	
数据处理及测定结果	22	及时记录数据,记录规范、无随意涂改	5	
	23	测定结果与参考值比较≤±1.0	10	
	24	相对平均偏差≤1.3%	10	
考核结果				

📖 **知识拓展**

一、用标准玻璃块校正阿贝折射仪

除用蒸馏水校正阿贝折射仪外,还可以用特制的具有一定折射率的标准玻璃块来校正阿贝折射仪。校正用标准玻璃块见图4-10。

图 4-10　标准玻璃块

校正方法:

(1) 松开锁紧手轮,开启棱镜。

(2) 对折射棱镜的抛光面加1～2滴1-溴代萘。

(3) 将标准玻璃块的抛光面贴于棱镜上。

(4) 调节刻度调节手轮,使读数视场指示于标准玻璃块折射率示值上。

(5) 从目镜中观察视场内明暗分界线是否在"×"中心,若有偏差则用螺丝刀微量旋转示值调节螺钉,使分界线像位移至"×"中心。

校正完毕后,在以后的测定过程中不允许随意再动此部位。

二、测定折射率的应用

(1) 定性鉴定　折射率一般能测出五位有效数字,因此是物质的一个非常精确的物理常数，可以用于定性鉴定，对于那些沸点很接近的同分异构体更为合适。例如，二甲苯的三种异构体，由于它们的沸点很接近，仅仅依据沸点不易鉴别它们，但是可以通过测定折射率加以鉴定。在工业生产中，液体药物、试剂、油脂、合成原料或中间体的定性鉴别项中，常列有折射率一项。通过测定物质的折射率，并与标准折射率值进行对照，可以定性鉴定某些化学物质。

（2）测定化合物的纯度　　折射率作为纯度的标志比沸点更为可靠，将测得的折射率与文献所记载的纯物质的折射率作比对，可用来衡量试样的纯度。试样的实测折射率愈接近文献值，其纯度就愈高。

（3）测定溶液的浓度　　一些溶液的折射率随其浓度而变化，溶液浓度愈高，折射率愈大。可以测定溶液的折射率，根据溶液浓度与折射率之间的关系，求出溶液的浓度，这种方法快速、简便，常用于工业生产中的中间体溶液控制、药房中的快速检验等。

需要注意的是，并不是所有溶液的折射率都随浓度变化而有显著的变化，只有在溶质与溶剂各自的折射率有较大差别时，折射率与浓度之间的变化才比较明显。若溶液浓度变化而折射率并无明显变化时，利用折射率测定溶液浓度，就会产生很大的误差。因此，应用折射率测定溶液浓度的方法是有一定局限的。

三、 WYA-2S型数字阿贝折射仪

WYA-2S型数字阿贝折射仪（图4-11）采用目视瞄准、背光液晶显示，测定透明、半透明液体或固体的折射率及糖水溶液中干固物的百分含量，棱镜采用硬质玻璃，不易磨损，配有标准打印接口，可直接打印输出数据，被广泛应用于石油、化工、制药、制糖、食品工业等及有关高等院校和科研机构。

图 4-11　WYA-2S型数字阿贝折射仪

（1）测量范围（n_D） 1.3000～1.7000。

（2）测量准确度（平均值） $n_D \pm 0.0002$。

（3）测量分辨率 0.0001。

（4）温度显示范围 0～50℃。

（5）输出方式 RS232。

（6）电源 220～240V，频率（50±1）Hz。

任务总结

知识点

➤ 折射率概念、影响因素、测定意义

➤ 折射率测定原理

➤ 阿贝折射仪构造

➤ 阿贝折射仪读数方法

➤ 透明液体折射率测定方法

技能点

➤ 阿贝折射仪棱镜镜面清洗

➤ 阿贝折射仪校正

➤ 视场调节与判断

➤ 阿贝折射仪读数

➤ 样品折射率测定

➤ 样品中蔗糖浓度测定

➤ 阿贝折射仪维护和保养

能力测试

一、填空题

1. 折射率是光线在_____中传播的速度与其在其他_____中传播的速度之比。

2. 阿贝折射仪测定折射率就是基于测定_____的原理。

3. 折射率不仅与物质的_____有关，而且与_____、_____等因素有关，因此表示折射率时必须注明_____和_____。折射率用符号_____表示，其中 t 为测定时的温度，一般规定为_____℃，D 为黄色钠光，波长为 589.0～589.6nm。

4. 阿贝折射仪主要部件是两块直角_____，上面一块表面光滑，为_____棱镜，下面一块是磨砂面的，为_____棱镜。

5. 阿贝折射仪经校正后才能使用，可用_____和_____校正，_____的折射率为 1.3330。

6. 测定完毕，应立即用乙醚擦拭 _____ 表面，晾干后，关闭棱镜。

二、选择题

1. 用标准玻璃块校正阿贝折射仪时，需要滴加少许（　　）于光滑棱镜上。

A. 乙醇　　　　　　　B. 醋酸　　　　　　　C. 纯水　　　　　　　D. 1-溴代萘

2. 用阿贝折射仪测定液体时，用干净滴管将 2～3 滴被测液体样品加在折射棱镜表面，要求液层均匀，充满视场，无气泡，调整（　　），使光线射入棱镜中。

A. 进光棱镜　　　　　B. 折光棱镜　　　　　C. 反射镜　　　　　　D. 目镜

3. 每次测定工作之前及进行示值校准时必须将进光棱镜的毛面、折射棱镜的抛光面及标准试样的抛光面用试剂和脱脂棉轻擦干净，下列所用试剂不对的是（　　）。

A. 乙醇　　　　　　　B. 乙醚　　　　　　　C. 丙酮　　　　　　　D. 乙酸

4. 用阿贝折射仪测定溶液的折射率时，通过放大镜在刻度尺上进行读数，三次读数间的极差不得大于（　　），三次读数的平均值即为测定结果。

A. 0.3　　　　　　　B. 0.03　　　　　　　C. 0.003　　　　　　D. 0.0003

5. 阿贝折射仪的棱镜在使用过程中应注意保护，不得被镊子、滴管等造成刻痕，不得测定（　　）等液体。

A. 弱酸性　　　　　　B. 弱碱性　　　　　　C. 中性　　　　　　　D. 强碱性

三、判断题

1. 阿贝折射仪可用于测定折射率为 1.20 的物质的折射率。　　　　　　　　（　　）

2. 测定折射率时可以用各种光源。　　　　　　　　　　　　　　　　　　（　　）

3. 折射角为 90° 时的入射角称为临界角，阿贝折射仪测定折射率就是基于测定临界角的原理而设计的。　　　　　　　　　　　　　　　　　　　　　　　　　　（　　）

4. 当对测量数据有怀疑时，需要对阿贝折射仪进行校准。　　　　　　　　（　　）

四、简答题

1. 什么叫临界角？

2. 校正阿贝折射仪的方法有哪些？如何校正？

3. 简述阿贝折射仪的使用方法和使用注意事项。

项目五
测定比旋光度

思考与讨论

　　同学们，想一想我们平时吃的五谷杂粮主要成分是什么？是淀粉、蔗糖、麦芽糖、葡萄糖、果糖等吗？这些物质都有哪些物理性质？又有什么样的光学性质呢？

　　有些化合物，因其分子中有不对称结构（手性异构），能使偏振光的振动方向发生旋转，具有旋光性，如蔗糖、葡萄糖、果糖等，多达几万种。物质的旋光性用旋光度和比旋光度表示，是旋光性物质在一定条件下的特征物理常数。

　　GB/T 613—2007《化学试剂比旋光本领（比旋光度）测定通用方法》规定，测定样品的旋光度，根据公式计算比旋光度，与文献标准对照，可进行物质的定性鉴定，也可定量分析旋光性物质的纯度或溶液的浓度。

任务一　测定果糖的比旋光度

看一看

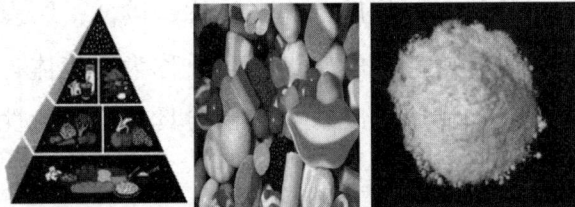

果糖

　　食物中的糖类化合物，是自然界存在最多、分布最广的一类重要的有机化合物。葡萄糖、蔗糖、淀粉和纤维素等都属于糖类化合物。果糖（$C_6H_{12}O_6$）是一种简单的糖（单糖），极易溶于水，在许多食品中存在，它和葡萄糖、半乳糖一起构成了血糖的三种主要成分。蜂蜜、水果、浆果以及一些根类蔬菜，如甜菜、甜土豆、萝卜、洋葱等含有果糖，通常与蔗糖、葡萄糖在一起形成化合物。果糖也是蔗糖分解的产物，蔗糖是一种双糖，在消化过程中，由于酶的催化特性而分解为葡萄糖和果糖。果糖是甜度最高的天然糖，在食品中主要是作为甜味剂使用的。

旋光度（比旋光度）是果糖生产中很重要的一个技术指标，测定旋光度是果糖产品检验的一项重要内容。

想一想

旋光度（比旋光度）是怎样测定的呢？

任务目标 ⋯⋯⋯⋯⋯⋯

1. 认识旋光仪，掌握测定原理
2. 熟悉旋光仪使用方法
3. 会正确测定旋光度
4. 能正确处理数据，报告测定结果

任务描述 ⋯⋯⋯⋯⋯⋯

有些化合物，因其分子中有不对称结构，具有手性异构，如果将这类化合物溶解于适当的溶剂中，当偏振光通过这种溶液时，偏振光的振动方向（振动面）发生旋转，产生旋光现象，如图5-1所示。这种特性称为物质的旋光性，此种化合物称为旋光性物质。偏振光通过旋光性物质后，振动方向（振动面）旋转的角度称为旋光度（旋光角），用 α 表示，如图5-2所示。能使偏振光的振动方向向右旋转（顺时针旋转）的旋光性物质称为右旋体，以"＋"表示，能使偏振光的振动方向向左旋转（逆时针旋转）的旋光性物质称为左旋体，以"－"表示。通过测定旋光度（旋光角）和比旋光度，可以检验具有旋光活性的物质的纯度，也可定量分析其含量及溶液的浓度。

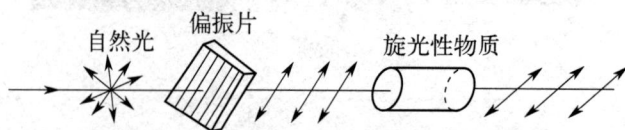

图 5-1　旋光现象

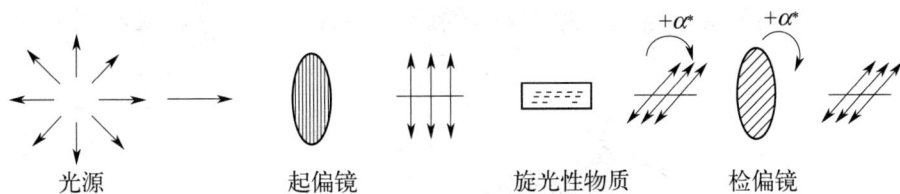

图 5-2　测定旋光度的原理示意图

其测定原理如下：从光源发出的自然光通过起偏镜，变为在单一方向上振动的偏振光，当此偏振光通过盛有旋光性物质的旋光管时，振动方向旋转了一定的角度，此时调节附有刻度盘的检偏镜，使最大量的光线通过，检偏镜所旋转的度数和方向显示在刻度盘上，此时即为实测的试样旋光度 α。

仪器与试剂准备

物质的旋光度用旋光仪测定。测定果糖旋光度所用仪器与试剂见表 5-1。

表 5-1　测定果糖旋光度所用仪器与试剂清单

项　目	名　称	规　格
仪器	WXG-4 型旋光仪(或其他型号)	如图 5-5 所示
	电子分析天平	感量 0.1mg
	恒温水浴	控制温度至±0.5℃
	容量瓶	100mL
	烧杯	150mL
	胶帽滴管	
	玻璃棒	
试剂	蒸馏水	超纯水
	氨水(浓)	化学试剂
试样	果糖(或蔗糖、葡萄糖)	分析纯

旋光仪的型号很多，常用的是国内生产的 WXG-4 型旋光仪，其外形和构造如图 5-5、图 5-6 所示。

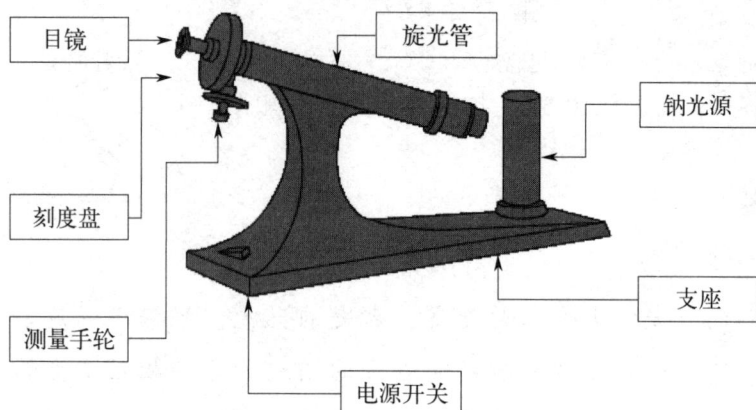

图 5-5　WXG-4 型旋光仪

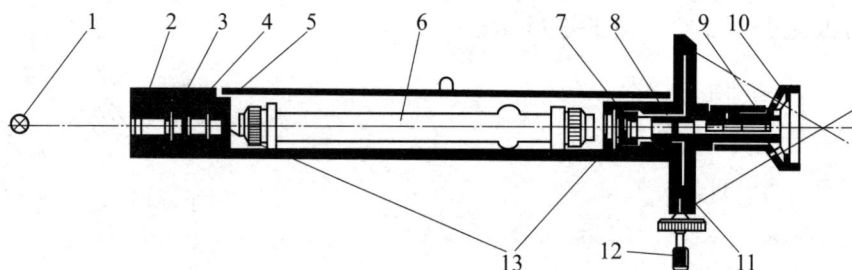

图 5-6　旋光仪的构造

1—光源（钠光）；2—聚光镜；3—滤色镜；4—起偏镜；5—半荫片；6—旋光管；7—检偏镜；
8—物镜；9—目镜；10—放大镜；11—刻度盘；12—刻度盘转动手轮；13—保护片

任务实施

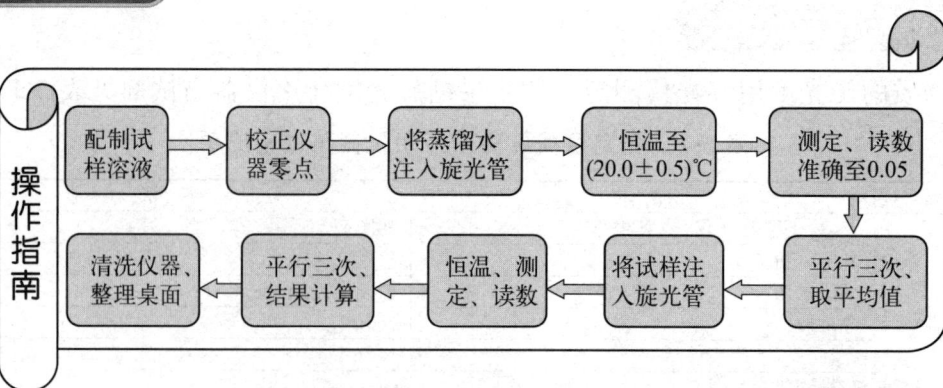

操作指南

配制试样溶液 → 校正仪器零点 → 将蒸馏水注入旋光管 → 恒温至(20.0±0.5)℃ → 测定、读数准确至0.05

平行三次、取平均值

将试样注入旋光管 ← 恒温、测定、读数 ← 平行三次、结果计算 ← 清洗仪器、整理桌面

一、配制试样溶液

准确称取 10g（准确至小数点后四位）果糖试样于 150mL 烧杯中，加 50mL 水溶解（若样品是葡萄糖需加 0.2mL 浓氨水，避免溶液浑浊），放置 30min 后，将溶液转入 100mL 容量瓶中，置于（20.0±0.5）℃的恒温水浴中恒温 20min，用（20.0±0.5）℃的蒸馏水稀释至刻度，备用。

二、旋光仪零点的校正

（1）将旋光仪的电源接通，开启仪器的电源开关，约 5min 后待钠光灯正常发光，开始进行零点校正。

（2）取一支长度适宜（一般为 2dm）的旋光管，洗净后注满（20.0±0.5）℃的蒸馏水，如图 5-7、图 5-8 所示，装上橡胶圈，旋紧两端的螺母（以不漏水为准），把旋光管内的气泡排至旋光管的凸出部分，如图 5-9 所示，擦干管外的水。

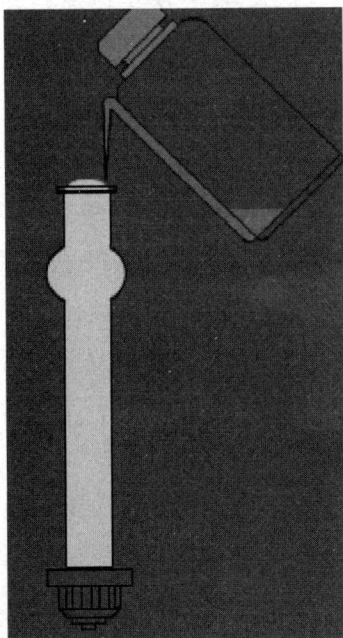

图 5-7 蒸馏水或试样注入旋光管

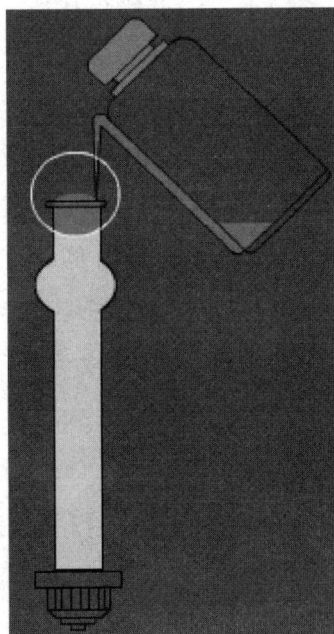

图 5-8 蒸馏水或试样注满旋光管

（3）将旋光管放入镜筒内，调节目镜使视场明亮清晰，如图 5-10、图 5-11 所示，然后轻缓地转动刻度盘转动手轮至视场的三分视界消失，如图 5-12 所示（但不是全黑视场，如图 5-13 所示），记下刻度盘读数，准确至 0.05。再旋转刻度盘转动手轮，使视场明暗分界后，再缓缓旋至视场的三分视界消失，如此平行测定三次，取平均值作为零点。

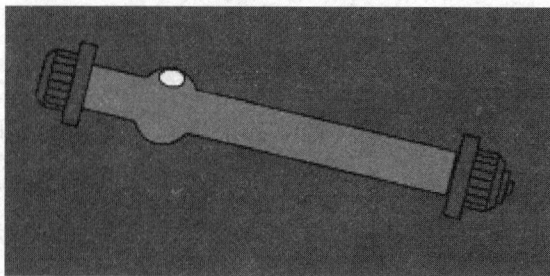

图 5-9　旋光管内气泡赶至凸出部分

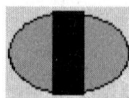

图 5-10　中间黑两边亮三分视场

图 5-11　中间亮两边黑三分视场

图 5-12　三分视界消失

图 5-13　全黑视场

小知识

旋光仪的读数方法

旋光仪的读数系统包括刻度盘及放大镜。仪器采用双游标读数，以消除刻度盘偏心差。刻度盘和检偏镜连在一起，由调节手轮控制，一起转动。检偏镜旋转的角度，可以在刻度盘上读出，刻度盘分360格，每格1°，游标分20格，等于刻度盘19格，用游标读数可读到0.05°。旋光度的整数读数从刻度盘上直接读出，小数点后的读数从游标读数盘中读出，读数方式为游标（0~10）的刻度线与刻度盘线对齐的数值。如图5-14的读数为右旋9.30°。

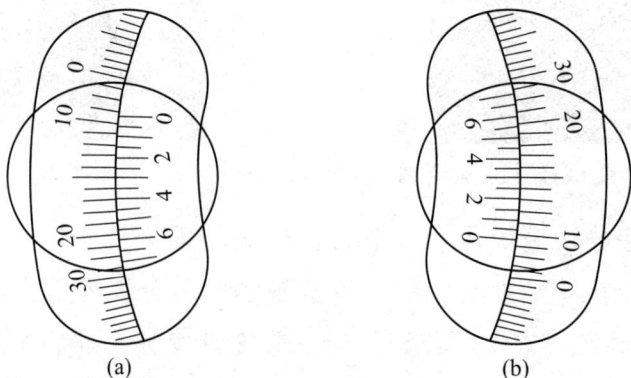

（a）　　　　　　　　　　　（b）

图 5-14　旋光仪的读数

三、试样测定

将旋光管中的水倾出，用试样溶液清洗旋光管，然后注满 (20.0±0.5)℃的试样溶液，如图 5-7、图 5-8 所示，装上橡胶圈，旋紧两端的螺母，将气泡赶至旋光管的凸出部分，如图 5-9 所示，擦干管外的试液。重复步骤二中的 (2)、(3) 操作。

> **注意事项**
>
> (1) 不论是校正仪器零点还是测定试样，旋转刻度盘只能是极其缓慢调整，否则就观察不到视场亮度的变化，通常零点校正的绝对值在 1°以内。
>
> (2) 如不知试样的旋光性时，应先确定其旋光性方向后，再进行测定。此外，试液必须清晰透明，如出现浑浊或悬浮物时，必须处理成清液后测定。
>
> (3) 仪器应放在空气流通和温度适宜的地方，以免光学部件、偏振片受潮发霉及性能衰退。
>
> (4) 钠光灯管使用时间不宜超过 4h，长时间使用应用电风扇吹风或关熄 10～15min，待冷却后再使用。
>
> (5) 旋光管使用后，应及时用水或蒸馏水冲洗干净，擦干放好。

记录与处理测定数据

测定数据及处理结果记录于表 5-2 中。

表 5-2　数据记录与处理

样品名称		测定项目		测定仪器	
测定时间		环境温度		合作人	
仪器及型号					
测定次数	Ⅰ		Ⅱ	Ⅲ	Ⅳ
旋光管长度/cm					
零点读数					
零点平均值					
称取被测试样质量/g					
被测试样浓度/(g/mL)					
恒温槽温度/℃					
测定试样旋光度/(°)					
比旋光度计算公式					
计算结果					
算术平均值					
相对平均偏差/%					
文献值(或参考值)					

旋光度的大小主要决定于旋光性物质的分子结构，也与溶液的浓度、液层厚度、入射偏振光的波长、测定时的温度等因素有关。同一旋光性物质，在不同的溶剂中，有不同的旋光度和旋光方向。由于旋光度的大小受诸多因素的影响，缺乏可比性。一般规定：以黄色钠光 D 线为光源，在 20℃时，偏振光透过 1mL 含 1g 旋光性物质、液层厚度为 1dm（10cm）溶液时的旋光度，叫作比旋光度（或旋光本领），用符号 $[\alpha]_D^{20}$（s）表示。它与上述各因素的关系如下。

纯液体的比旋光度（旋光本领）：

$$[\alpha]_D^{20} = \frac{\alpha}{l\rho} \tag{5-1}$$

溶液的比旋光度（旋光本领）：

$$[\alpha]_D^{20}(s) = \frac{\alpha}{lC} \tag{5-2}$$

$$\alpha = \alpha_1 - \alpha_0 \tag{5-3}$$

式中　α——校正后的旋光度，（°）；

　　　ρ——液体在 20℃时的密度，g/mL；

　　　C——溶液的浓度，g/mL；

　　　l——旋光管的长度（液层厚度），dm；

　　　20——测定时的温度，℃；

　　　s——所用的溶剂；

　　　α_1——试样的旋光度，（°）；

　　　α_0——零点校正值，（°）。

任务考核评价

考核内容	序号	考核标准	分值	得分
测定准备	1	旋光管选择正确	3	
	2	配制溶液正确	5	
	3	旋光管装溶液正确	3	
	4	旋光管排除气泡正确	2	
仪器安装	5	旋光仪开启预热正确	3	
	6	恒温槽开启预热正确	2	
	7	旋光管放置位置正确	4	
测定步骤	8	蒸馏水装入旋光管正确	5	
	9	气泡赶入旋光管凸出部分正确	5	

考核内容	序号	考核标准	分值	得分
测定步骤	10	三分视场观测正确	5	
	11	零点读数正确	5	
	12	测定被测试样正确	5	
	13	样品测定三次	5	
测后工作及团队协作	14	按与开启相反的顺序关闭仪器	3	
	15	仪器清洗、归位正确	2	
	16	药品、仪器摆放整齐	2	
	17	实验台面整洁	1	
	18	分工明确，各尽其责	5	
数据处理及结果计算	19	及时记录数据，记录规范、无随意涂改	5	
	20	计算正确	10	
	21	测定结果与标准值比较≤±0.15	10	
	22	相对平均偏差≤0.4%	10	
考核结果				

知识拓展

一、旋光仪起偏镜和检偏镜的作用

如图 5-15 所示，起偏镜（Ⅰ）和检偏镜（Ⅱ）为两个偏振片。当钠光射入起偏镜后，射出的为偏振光，此偏振光又射入检偏镜。如果这两个偏振片的方向相互平行，则偏振光可不受阻碍地通过检偏镜，观测者在检偏镜后可看到明亮的光线［如图 5-15(a) 所示］。当慢慢转动检偏镜，观测者可看到光线逐渐变暗。当旋至 90°，即两个偏振片的方向相互垂直时，则偏振光被检偏镜阻挡，视野呈全黑［如图 5-15(b) 所示］。

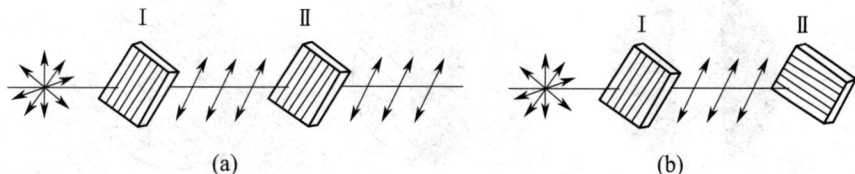

图 5-15　起偏镜（Ⅰ）和检偏镜（Ⅱ）的作用

如果在测量光路中先不放入装有旋光性物质的旋光管，此时转动检偏镜使

其与起偏镜的方向垂直，则偏振光不能通过检偏镜，在目镜上看不到光亮，视野全黑。此时读数盘应指示为零，即为仪器的零点。然后将装有旋光性物质的旋光管放在光路中，由于偏振光被旋光性物质旋转了一个角度，使部分光线通过检偏镜，目镜又呈现光亮。此时再旋转检偏镜，使其振动方向与透过旋光性物质以后的偏振光方向相互垂直，则目镜视野再次呈现全黑。此时检偏镜在读数盘上旋转过的角度，即为旋光性物质的旋光度。

二、旋光仪半荫片的作用

旋光仪的零点和试样旋光度的测定，都以视野呈现全黑为标准，但人的视觉要判定两个完全相同的"全黑"是不可能的。为提高测定的准确度，通常在起偏镜和旋光管之间，放入一个半荫片装置，以帮助进行比较。

半荫片是一个由石英和玻璃构成的圆形透明片，如图5-16所示，呈现三分视场。半荫片放在起偏镜之后，当偏振光通过半荫片时，由于石英片的旋光性，把偏振光旋转了一个角度。因此通过半荫片的这束偏振光就变成振动方向不同的两部分。这两部分偏振光到达检偏镜时，通过调节检偏镜的位置，可使三分视场左、右的偏振光不能透过，而中间可透过，即在三分视场里呈现左、右最暗，中间稍亮的情况［如图5-17(a)所示］。若把检偏镜调节到使中间的偏振光不能通过的位置，则左、右可透过，即三分视场呈现中间最暗，

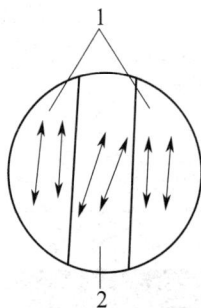

图5-16　半荫片

1—玻璃；2—石英

左、右稍亮的情况［如图5-17(b)所示］。很显然，调节检偏镜必然存在一种介于上述两种情况之间的位置，即在三分视场中看到中间与左、右的明暗程度相同而分界线消失的情况［如图5-17(c)所示］。以此视场作为标准要比判断"全黑"视场准确得多。

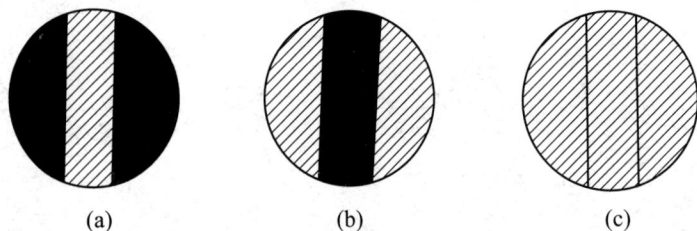

(a)　　　　　　(b)　　　　　　(c)

图5-17　视场变化情况

知识点

➤ 旋光仪测定原理

➤ 了解旋光仪构造

➤ 旋光管的使用方法

➤ 三分视场判断方法

➤ 旋光仪读数方法

➤ 比旋光度计算方法

技能点

➤ 仪器选择（旋光仪、旋光管）

➤ 配制溶液

➤ 测定零点

➤ 控制恒温

➤ 视场调节与判断

➤ 正确测定、准确读数

任务二　测定葡萄糖的纯度

看一看

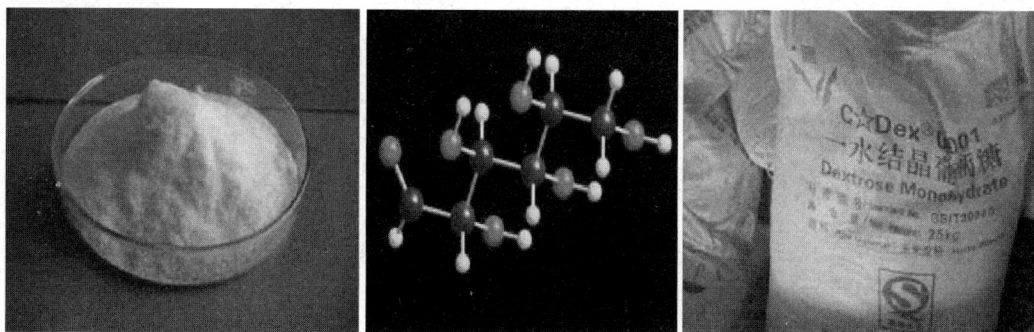

葡萄糖

想一想

如何测定葡萄糖的纯度呢？

任务目标

1. 比旋光度原理应用

2. 会测定葡萄糖的纯度

3. 会查阅旋光物质的文献值

4. 能正确处理数据，报告测定结果

任务描述 ➡➡➡

葡萄糖（glucose，化学式 $C_6H_{12}O_6$）又称为玉米葡糖、玉蜀黍糖，简称为葡糖，是自然界分布最广且最为重要的一种单糖，它是一种多羟基醛。纯净的葡萄糖为无色晶体，有甜味但甜味不如蔗糖（一般人无法尝到葡萄糖的甜味），易溶于水，微溶于乙醇，不溶于乙醚。水溶液旋光向右，故亦称"右旋糖"。葡萄糖在生物学领域具有重要地位，是活细胞的能量来源和新陈代谢的中间产物，即生物的主要供能物质。植物可通过光合作用产生葡萄糖。其在糖果制造业和医药领域有着广泛应用。

比旋光度是旋光性物质在一定条件下的特征物理常数。按照一般方法测得旋光性物质的旋光度，根据比旋光度公式计算实际的比旋光度，与文献上的标准比旋光度对照，可以进行定性鉴定。也可根据计算公式变换，用于测定旋光性物质的纯度或溶液的浓度。

本任务的测定原理为配制待测葡萄糖溶液，测定其旋光度，根据比旋光度的计算公式，查阅文献的标准比旋光度，换算旋光性物质的纯度或溶液的浓度。

仪器与试剂准备 ➡➡➡

测定葡萄糖纯度所用仪器与试剂见表 5-3。

表 5-3　所用仪器与试剂清单

项　目	名　称	规　格
仪器	WXG-4 型旋光仪（或其他型号）	如图 5-5 所示
	恒温水浴	控制温度至 $\pm0.5℃$
	电子分析天平	感量 0.1mg
	容量瓶	100mL
	烧杯	150mL
	胶帽滴管	
	玻璃棒	
试剂	蒸馏水	超纯水
	氨水（浓）	化学试剂
试样	葡萄糖试样	工业产品或化学试剂

操作指南

将蒸馏水注入旋光管 → 恒温至(20.0±0.5)℃ → 校正仪器零点 → 测定、读数准确至0.05 → 平行三次、取平均值

配制试样溶液 ← 将试样注入旋光管 ← 恒温、测定、读数 ← 平行三次、结果计算 ← 清洗仪器、整理桌面

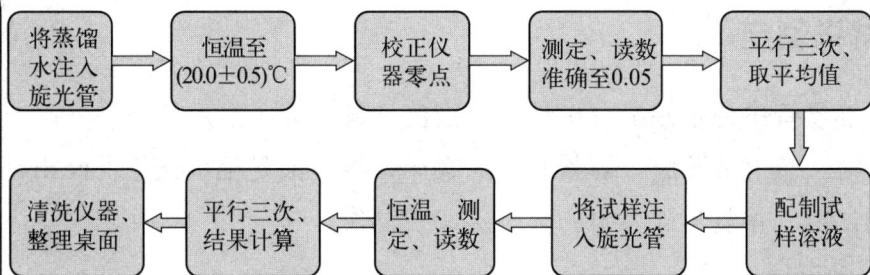

一、旋光仪零点的校正

（1）将旋光仪的电源接通，开启仪器的电源开关，约5min后待钠光灯正常发光，开始进行零点校正。

（2）取一支长度适宜（一般为2dm）的旋光管，洗净后注满(20.0±0.5)℃的蒸馏水，装上橡皮圈，旋紧两端的螺母（以不漏水为准），把旋光管内的气泡排至旋光管的凸出部分，擦干管外的水。

（3）将旋光管放入镜筒内，调节目镜使视场明亮清晰，如图5-10、图5-11所示，然后轻缓地转动刻度盘转动手轮至视场的三分视界消失，如图5-12所示，但不是全黑视场，如图5-13所示，记下刻度盘读数，准确至0.05°。再旋转刻度盘转动手轮，使视场明暗分界后，再缓缓旋至视场的三分视界消失，如此平行操作记录三次，取平均值作为零点。

> **注意事项**
>
> 调节旋光仪目镜视场时，要在三分视场清晰，在图5-10和图5-11之间找到图5-12，即三分视界消失，再读取数据。不能随便找一个全亮的三分视界消失现象读数，也不能在全黑视场读数，如图5-13所示。

二、配制试样溶液

准确称取11g（准确至小数点后四位）葡萄糖试样于150mL烧杯中，加50mL

水溶解（需加0.2mL浓氨水，避免溶液浑浊），放置30min后，将溶液转入100mL容量瓶中，置于（20.0±0.5）℃的恒温水浴中恒温20min，用（20.0±0.5）℃的蒸馏水稀释至刻度，备用。

三、试样测定

将旋光管中的水倾出，用试样溶液清洗旋光管，然后注满（20.0±0.5）℃的试样溶液，装上橡胶圈，旋紧两端的螺母，将气泡赶至旋光管的凸出部分，擦干管外的试液。重复步骤一中的（2）、（3）操作。

📚 小知识

葡萄糖的标准比旋光度

葡萄糖的标准比旋光度为 $[\alpha]_D^{20} = +52.7°$。

记录与处理测定数据 ⟩⟩⟩ ⟩⟩⟩

测定数据及处理结果记录于表5-4中。

表5-4 数据记录与处理

样品名称		测定项目		测定仪器	
测定时间		环境温度		合作人	
仪器及型号					
测定次数	Ⅰ	Ⅱ	Ⅲ	Ⅳ	
旋光管长度/cm					
零点读数					
零点平均值					
称取被测试样质量/g					
被测试样溶液体积/mL					
恒温槽温度/℃					
测定试样旋光度/(°)					
葡萄糖纯度计算公式					
计算结果					
算术平均值					
相对平均偏差/%					
文献值(葡萄糖的标准比旋光度)					

根据比旋光度计算公式变换，得出旋光性物质纯度的计算公式如下。

$$纯度 = \frac{\alpha V}{l[\alpha]_D^{20} m} \times 100\%\tag{5-4}$$

式中　α——零点校正后的旋光度，(°)；

$[\alpha]_D^{20}$——旋光性物质的标准比旋光度，(°)；

l——旋光管的长度（液层厚度），dm；

V——溶液的体积，mL；

m——试样的质量，g。

安全防范

(1) 旋光仪的正确操作，安全使用。

(2) 普通玻璃仪器的正确使用。

(3) 安全用水、用电。

任务考核评价

考核内容	序号	考核标准	分值	得分
测定准备	1	旋光管选择正确	3	
	2	配制溶液正确	5	
	3	旋光管装溶液正确	5	
	4	旋光管排除气泡正确	4	
仪器安装	5	旋光仪开启预热正确	3	
	6	恒温槽开启预热正确	2	
	7	旋光管放置位置正确	2	
测定步骤	8	蒸馏水装入旋光管正确	5	
	9	气泡赶入旋光管凸出部分正确	3	
	10	三分视场观测正确	5	
	11	零点读数正确	5	
	12	测定被测试样正确	5	
	13	样品平行测定三次	5	
测后工作及团队协作	14	按与开启相反的顺序关闭仪器	3	
	15	仪器清洗、归位正确	2	
	16	药品、仪器摆放整齐	2	
	17	实验台面整洁	1	
	18	分工明确，各尽其责	5	

考核内容	序号	考核标准	分值	得分
数据处理及结果计算	19	及时记录数据,记录规范、无随意涂改	5	
	20	结果计算正确	10	
	21	测定结果与标准值比较≤±0.15	10	
	22	相对平均偏差≤0.4%	10	
考核结果				

📖 **知识拓展**

一、新仪器新技术介绍

1. WZZ系列自动数显旋光仪

WZZ系列自动数显旋光仪（见图5-18）主要在精度和读数方面有较大提高。它的主要特点是光电检测自动平衡、红外计数接收、微电脑信息处理、自动测定结果由液晶点阵显示、读数清晰、视觉舒适等。它的主要技术参数是测量范围±45°，示值误差≤0.02°。其广泛用于医药、食品、有机化工等领域。

图5-18　WZZ-3型自动数显旋光仪

2. SGW系列自动旋光仪

SGW系列自动旋光仪（见图5-19）主要用白炽灯加滤光片代替了钠光灯，光源的平均使用寿命超过2000h，仪器开机不需要预热就可测定，可测定试样的旋光度、比旋光度、浓度和糖度，可以自动重复测定6次并计算平均值和均方根。试样槽采用隔温设计，减少了仪器升温对试样的影响，有温度显示功能，可测深色样品。

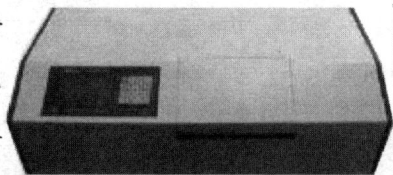

图5-19　SGW-1型
自动旋光仪

二、手性异构

如果一对分子，它们的组成和原子的排列方式完全相同，但如同左手和右手一样互为镜像，在三维空间里不能重叠，这对分子互称手性异构体，如图5-20～图5-22所示。有手性异构体的分子称为手性分子。当四个不同的原子或基团连接在同一个碳原子上时，形成的化合物存在手性异构体。其中，连接四个不同的原子或基团的碳原子称为手性碳原子。如图5-23所示，左右两只手托出两个呈镜像关系的乳酸分子。

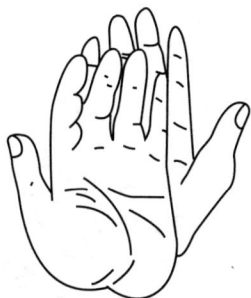

图 5-20　左右手不能重合　　　　图 5-21　左右手互为镜像关系

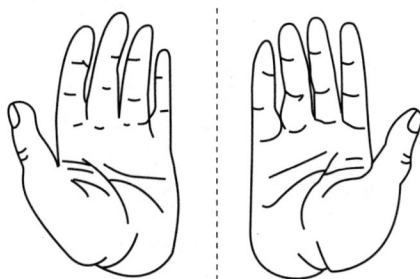

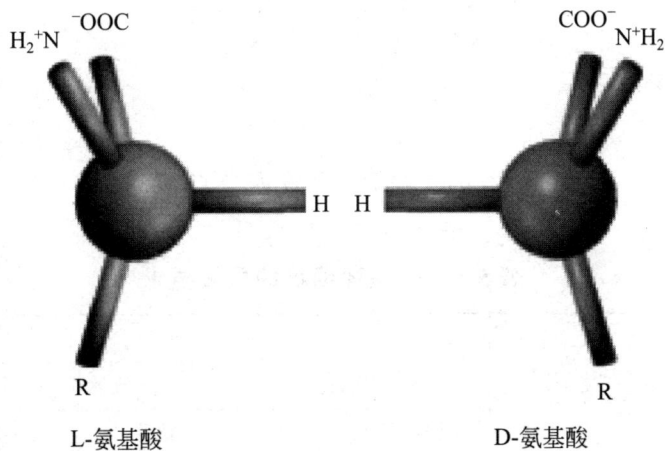

L-氨基酸　　　　　　　　　　D-氨基酸

图 5-22　互为镜像的两个分子结构模型

三、影响旋光性大小的因素

影响旋光性大小的因素，如图5-24所示。

四、食用葡萄糖的质量要求

食用葡萄糖的质量要求见表5-5。

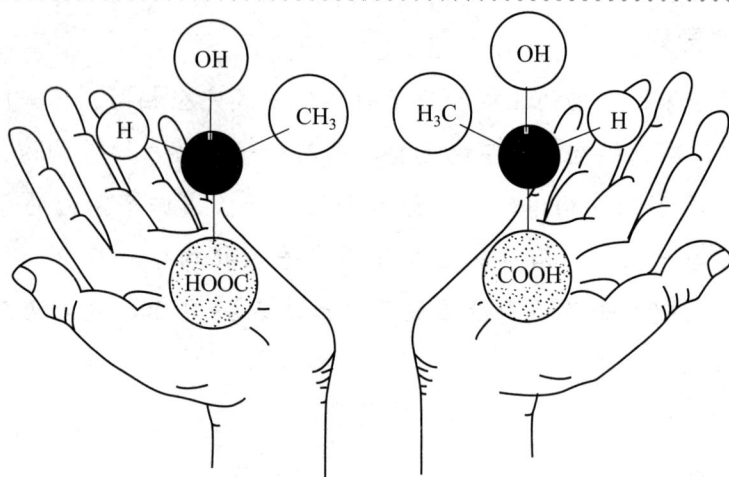

图 5-23　左右手托出的两个镜像乳酸分子

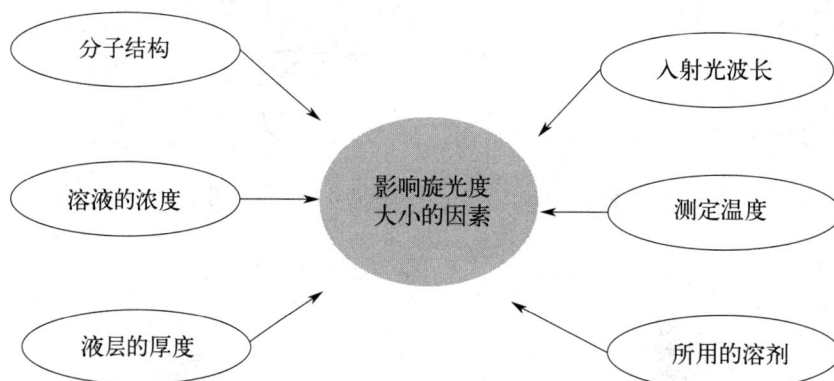

图 5-24　影响旋光性大小的因素

表 5-5　食用葡萄糖的质量要求

项　目		要　求				
		一水葡萄糖		无水葡萄糖		全糖粉
		优级品	一级品	优级品	一级品	
比旋光度/(°)		52.0～53.5				—
葡萄糖含量(以干物质计)/%	≥	99.5	99.0	99.5	99.0	95.0
pH		4.0～6.5				
氯化物/%	≤	0.01				
水分/%	≤	10.0	2.0	10.0		
硫酸灰分/%	≤	0.25				

知识点

➢ 旋光仪构造及测定原理

➢ 查阅物质标准比旋光度

➢ 旋光管的使用方法

➢ 视场判断方法

➢ 旋光仪读数方法

➢ 旋光性物质纯度计算方法

技能点

➢ 仪器选择（旋光仪、旋光管）

➢ 配制溶液

➢ 测定零点、校正仪器

➢ 控制恒温

➢ 视场调节与判断

➢ 正确测定、准确读数

能力测试

一、选择题

1. 调节旋光仪零点时，出现（   ）现象时读数。

A. （图） B. （图） C. （图） D. （图）

2. 下面说法正确的是（   ）。

A. 自然光就是偏振光

B. 偏振光有很多振动平面

C. 只能在一个平面内振动的光称为偏振光

D. 任何物质都能使偏振光的偏振面发生偏转

3. 下面步骤错误的是（   ）。

A. 开启电源，预热 15min

B. 取一支洁净的旋光管，注满蒸馏水，管内的气泡赶至凸起部分

C. 取一支洁净的旋光管，注满蒸馏水，管内的气泡可以不处理

D. 在零点附近缓慢转动手轮，在目镜中找到三分视野一致的点，读取数据，准确至 0.05°，平行测定三次，取平均值作为零点

4. 测两种不同浓度的蔗糖溶液的旋光度值，测定的数据如下表：

样品编号	零点读数	样品测定读数
1	＋0.05	＋12.70
2	－0.20	－12.70

蔗糖溶液的旋光度值为（   ）。

A. 1. +12.65　　2. −12.50　　　　　　B. 1. +12.75　　2. −12.90

C. 1. +12.65　　2. −12.90　　　　　　D. 1. +12.75　　2. −12.50

5. 在使用旋光仪测定样品旋光度时，下面说法错误的是（　　　）。

A. WXG-4 型旋光仪可以测量浑浊液体样品的旋光度

B. 不论是校正零点还是测定试样，必须缓慢旋转刻度盘手轮，否则看不到视场亮度的变化

C. 仪器应放在通风和温度适宜的地方

D. 仪器使用时间不能超过 4h

二、简答题

1. 简述自然光与偏振光的区别。什么叫物质的旋光性和旋光度？

2. 旋光性物质的旋光度大小与哪些因素有关？

三、计算题

1. 称取一葡萄糖试样 11.0485g，配成 100.0mL 溶液，用 20cm 的旋光管，测得此试样可以使偏振光振动面偏转＋11.5°，则此葡萄糖的纯度为多少？（标准比旋光度为 $[\alpha]_D^{20} = +52.7°$）

2. 有一旋光性有机化合物，其分子量为 285。取它的 0.2mol/L 氯仿溶液于 200mm 的旋光管中，在 20℃时，测得旋光度为＋6.87°，计算其比旋光度。

3. 20℃时，用 2dm 的旋光管测得果糖溶液的旋光度为−18.00°，其标准比旋光度为−90.00°。试求此果糖溶液的浓度。

项目六
测定黏度

思考与讨论

夏天来临，气温不断升高，工业用机油会出现流速相对更快的现象，冬天来临，气温不断下降，工业用机油会出现流速相对更慢的现象，而对比同一条件下的水和机油的流速，会出现什么现象呢？

黏度是润滑油、燃料油进行分类分级、储运输送的重要参数，是柴油的重要性质之一，也是化工工艺计算的重要参考数据，因此测定石油产品黏度在生产和使用上有重要意义。

黏度通常分为动力黏度（绝对黏度）、运动黏度和条件黏度。

按 GB/T 265—88《石油产品运动粘度测定法和动力粘度计算法》，GB 266—88《石油产品恩氏粘度测定法》测定样品的运动黏度、动力黏度和条件黏度。汽油机油、柴油机油按 GB/T 14906—2018《内燃机油黏度分类》划分牌号。

任务一　旋转黏度计法测定机油动力黏度

看一看

机油

黏度是润滑油、燃料油的主要质量指标。机油黏度对发动机的启动性能、磨损程度、功率损失和工作效率等都有直接影响，因此要选择黏度合适的润滑油，才能使发动机有稳定可靠的工作状况、工作效率和使用寿命。

在石油产品试验中，通常用到的黏度有动力黏度（绝对黏度）、运动黏度和条件黏度三种。

本任务主要介绍旋转黏度计法测定机油的动力黏度。

想一想

旋转黏度计法如何来测定润滑油的动力（绝对）黏度呢？

任务目标

1. 能正确使用旋转黏度计
2. 会使用超级恒温槽
3. 能准确测定试样的动力黏度（绝对黏度）
4. 能正确处理数据，报告测定结果

任务描述

依据 GB/T 265—88《石油产品运动粘度测定法和动力粘度计算法》测定机油动力黏度。

黏度是指当流体在外力作用下做层流运动时，相邻两层流体分子之间存在内摩擦力，阻滞流体的流动，这种特性称为流体的黏滞性，衡量黏滞性大小的物理常数称为黏度。黏度随流体的不同而不同，随温度的变化而变化，因此黏度要注明温度条件。

根据牛顿黏性定律，相邻两层流体做相对运动时，其内摩擦力的大小为黏度系数与摩擦面积和速度梯度的乘积。黏度系数是与流体性质有关的常数，流体的黏性越大，黏度系数越大。因此，黏度系数是衡量流体黏性大小的指标，称为动力黏度。其物理意义为：当两个面积为 $1m^2$，垂直距离为 1m 的相邻液层，以 1m/s 的速度做相对运动时所产生的内摩擦力，常用 η 表示，在温度 t 时的动力黏度用 η_t 表示。当内摩擦力为 1N 时，则该液体的黏度为 1，其法定计量单位为 Pa·s（即 N·s/m²）。

测定原理是，将特定的转子浸于被测液体中做恒速旋转运动，使液体接受转子与容器壁面之间发生的切应力，维持这种运动所需的扭力矩由指针显示读数，根据此读数 a 和系数 K 可求得试样的动力黏度（绝对黏度）。

旋转黏度计法测量范围宽，适用于实验室取样测定石油产品的动力黏度（绝对黏度）。

仪器与试剂准备

旋转黏度计法测定黏度所用仪器与试剂见表 6-1。

表 6-1　旋转黏度计法测定黏度所用仪器与试剂清单

项　目	名　称	规　格
仪器	超级恒温槽	温度波动范围小于 ±0.5℃
	容器	直径不小于 70mm，高度不低于 110mm 的容器或烧杯
	旋转黏度计	如图 6-1、图 6-2 所示
试剂	汽油	无铅
	去离子水	
试样	机油	工业产品或化学试剂
	化学糨糊	工业产品或化学试剂

常用的旋转黏度计见图 6-1、图 6-2，其结构见图 6-3、图 6-4。

图 6-1　NDJ-79 型旋转黏度计

图 6-2　NDJ-1 型旋转黏度计

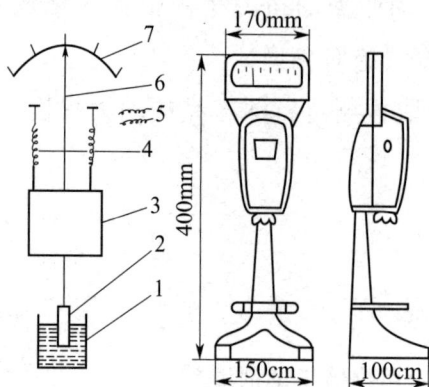

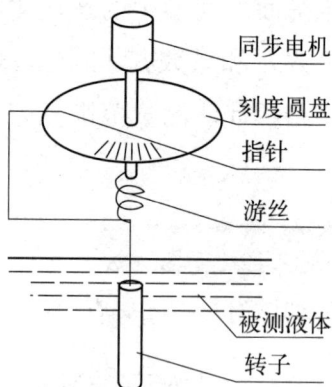

图 6-3　NDJ-79 型旋转黏度计结构图　　　　图 6-4　NDJ-1 型旋转黏度计结构图

1—外框；2—内筒；3—电机；4—游丝；

5—电源；6—指针；7—刻度盘

小知识

NDJ-79 型和 NDJ-1 型旋转黏度计工作机理

（1）用 NDJ-79 型旋转黏度计测定液体的动力黏度，其工作机理如图 6-3 所示。电机壳体上安装了两根金属游丝线，壳体的转动使游丝线产生扭转力矩，当两力矩平衡时，与电机壳体相连接的指针便在刻度盘上指出某一数值，此数值与转筒所受的黏滞阻力成正比，刻度盘读数乘上转筒因子，就表示动力黏度的量值。还可以通过测定物质的运动黏度和密度间接地计算出该物质的动力黏度。

（2）用 NDJ-1 型旋转黏度计测定液体的动力黏度，其工作机理如图 6-4 所示。在选定的剪切速率下流体的动力黏度仅与剪切应力有关。

任务实施

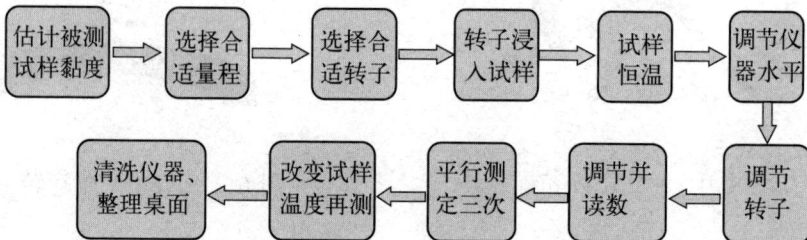

一、测定前准备

（1）先估计被测试样的黏度范围，然后根据仪器的量程表选择合适的转子和转速，使读数在刻度盘的 $20\%\sim80\%$ 范围内，如图 6-5 所示。

图 6-5 旋转黏度计刻度盘

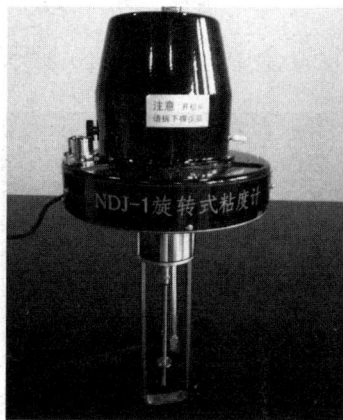

图 6-6 旋转黏度计

（2）把保护架装在仪器上，将选好的转子旋入连接螺杆。旋转升降旋钮，使仪器缓慢放下，转子逐渐浸入被测试样中至转子标线处与液面平齐，如图 6-6、图 6-7 所示。

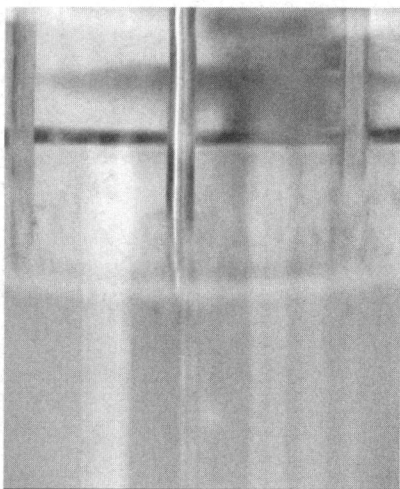

图 6-7 转子标线处与试样液面相平

图 6-8 黏度计水准仪

（3）将试样恒温至所测温度，并保持恒温，记录此时温度。

二、黏度测定

（1）调整仪器水平，如图 6-8 所示，将转速拨至所选转速，放下指针控制杆

（图 6-9），开启电源，待转速稳定后，按下指针控制杆，观察指针在读数窗口时，关闭电源（若指针不在读数窗口，则再打开电源，使指针在读数窗口）。读数，再平行测定两次，取其平均值。

（2）按照以上步骤，改变恒温槽的温度，将试样恒温再测定，记录数据。

（3）测定完毕后，拆下转子和保护架，用无铅汽油洗净转子和保护架，并放入仪器装置盒中，如图 6-10 所示。

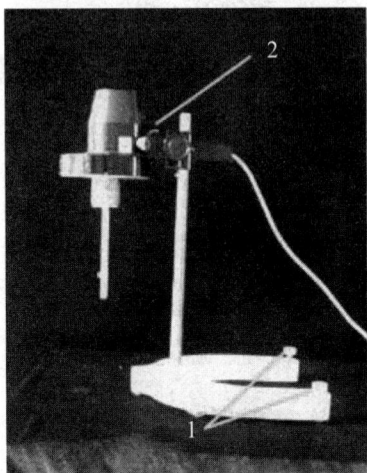

图 6-9　黏度计水平调节螺旋和指针控制杆

1—水平调节螺旋；2—指针控制杆

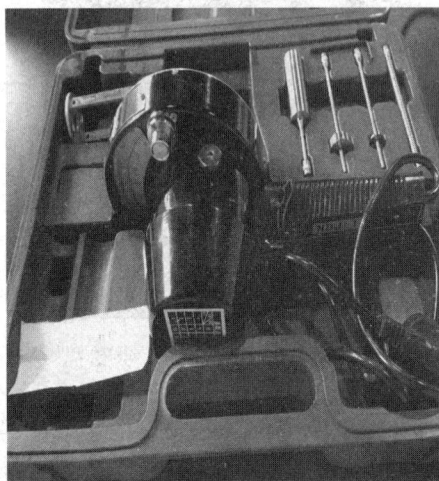

图 6-10　旋转黏度计装置盒

注意事项

（1）装卸转子时应小心操作，将连接螺杆微微抬起进行操作，不要用力过大，不要使转子横向受力，以免转子弯曲。

（2）不得在未按下指针控制杆时开动电机，不能在电机运转时变换转速。

（3）每次使用完毕应及时拆下转子并清洗干净，但不得在仪器上清洗转子。清洗后的转子妥善安放于转子架中。

安全防范

（1）正确使用旋转黏度计。

（2）每完成一个步骤，应及时检查，以便纠正。

（3）安全用水、用电。

记录与处理测定数据 ⋯▶ ⋯▶ ⋯▶

测定数据及处理结果记录于表 6-2 中。

表 6-2　数据记录与处理

测定项目				测定方法	
测定时间		环境温度		合作人	
被测试样名称					
测定次数	Ⅰ		Ⅱ		Ⅲ
黏度计型号					
黏度计系数					
恒温条件/℃					
黏度计读数					
计算公式					
绝对黏度(动力黏度)值/mPa·s					
算术平均值/mPa·s					
相对平均偏差					
结论(不同温度下的结果)					
文献值(或参考值)					

想一想

如何获得准确的测定结果——绝对黏度计算？

将特定的转子浸于被测液体中做恒速旋转运动，使液体接受转子与容器壁面之间发生的切应力，维持这种运动所需的扭力矩由指针显示读数，根据此读数 a 和系数 K（见图 6-11）可求得试样的动力黏度（绝对黏度）。

$$\eta = Ka \tag{6-1}$$

式中　η——样品的绝对黏度（动力黏度）；

　　　K——旋转黏度计系数；

　　　a——旋转黏度计指针的读数。

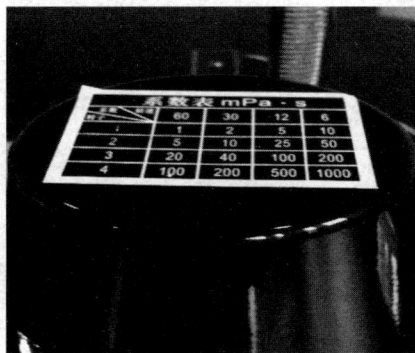

图 6-11　黏度计系数表

任务考核评价 →→→ →→→ →→

考核内容	序号	考核标准	分值	得分
仪器安装	1	仪器选择正确(转子、转速)	3	
	2	保护架安装正确	5	
	3	转子安装正确	5	
测定准备	4	超级恒温槽恒温正确	2	
	5	试样恒温至设定温度	5	
测定步骤	6	转子浸入试样至标线处	5	
	7	调节仪器水平正确	5	
	8	刻度盘读数正确	5	
	9	试样平行测定三次	5	
	10	改变试样温度	5	
	11	再次测定正确	5	
测后工作及团队协作	12	按与安装相反的顺序拆卸仪器	5	
	13	仪器清洗、归位正确	2	
	14	药品、仪器摆放整齐	2	
	15	实验台面整洁	1	
	16	分工明确,各尽其职	5	
数据处理及结果计算	17	及时记录数据,记录规范、无随意涂改	5	
	18	结果计算正确,得出合理结论	10	
	19	测定结果与标准值比较≤±7.0	10	
	20	相对平均偏差≤1.0%	10	
考核结果				

知识拓展 ·············

一、新仪器新技术简介

旋转法测定黏度在我国也是发展不久的测定方法,主要仪器一般有表盘式和数字显示式等种类,在性能方面的主要区别表现在数字化和程序化方面,如图 6-12～图 6-14 所示。

图 6-12 标准型数显黏度计   图 6-13 编程型数显黏度计

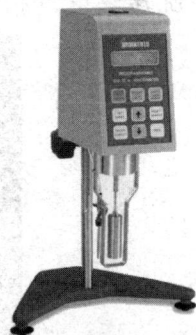

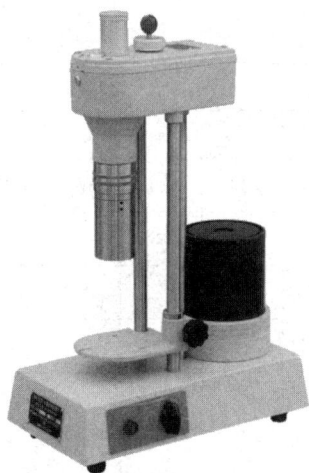

图 6-14　表盘式黏度计

二、牛顿型流体与非牛顿型流体

只要无结晶析出，汽油、煤油、柴油、润滑油、苯、甲苯、二甲苯等大多数液体石油化工产品都是牛顿型流体；而有石蜡析出的油品、加入高分子添加剂（如增黏剂）制成的稠化润滑油和含胶质、沥青质多的重质燃料油（渣油）和沥青等均为非牛顿型流体。

三、汽油机油技术要求

汽油机油主要技术要求（摘自 GB 11121—2006）见表 6-3。

表 6-3　汽油机油主要技术要求

项　目	质量指标										
质量等级	SE、SF					SG、SH、GF-1、SJ、GF-2、SL、GF-3					
黏度等级	5W-20	10W-30	15W-40	30	40	5W-30	10W-30	15W-30	20W-40	30	40
运动黏度 (100℃)/(mm²/s)	5.6~ <9.3	9.3~ <12.5	12.5~ <16.3	9.3~ <12.5	12.5~ <16.3	9.3~ <12.5	9.3~ <12.5	12.5~ <16.3	5.6~ <9.3	9.3~ <12.5	12.5~ <16.3
低温动力黏度 /mPa·s	≤3500 (−25℃)	≤3500 (−20℃)	≤3500 (−15℃)			≤6600 (−30℃)	≤7000 (−25℃)	≤7000 (−20℃)	≤9500 (−15℃)		
边界泵送温度/℃	≤−30	≤−25	≤−20	—	—	—	—	—	—		
低温泵送黏度 /mPa·s 在无屈服应力时	—	—	—	—	—	≤60000 (−35℃)	≤60000 (−30℃)	≤60000 (−25℃)	≤60000 (−20℃)		

项 目	质量指标										
质量等级	SE、SF					SG、SH、GF-1、SJ、GF-2、SL、GF-3					
黏度等级	5W-20	10W-30	15W-40	30	40	5W-30	10W-30	15W-30	20W-40	30	40
黏度指数	—	—	—	$\geqslant 75$	$\geqslant 80$	—	—	—	—	$\geqslant 75$	$\geqslant 80$
闪点(开口)/℃	$\geqslant 200$	$\geqslant 205$	$\geqslant 215$	$\geqslant 220$	$\geqslant 225$	$\geqslant 200$	$\geqslant 205$	$\geqslant 215$	$\geqslant 215$	$\geqslant 220$	$\geqslant 225$
倾点/℃	$\leqslant -35$	$\leqslant -30$	$\leqslant -23$	$\leqslant -15$	$\leqslant -10$	$\leqslant -35$	$\leqslant -30$	$\leqslant -25$	$\leqslant -20$	$\leqslant -15$	$\leqslant -10$
泡沫性(泡沫倾向/泡沫稳定性)/(mL/mL) 24℃ 93.5℃ 后24℃	$\leqslant 25/0$ $\leqslant 25/0$ $\leqslant 25/0$					$\leqslant 10/0$ $\leqslant 50/0$ $\leqslant 10/0$					
机械杂质(质量分数)/%	$\leqslant 0.01$					$\leqslant 0.01$					
水分含量	痕迹					痕迹					

任务总结

知识点

- ➢ 黏度、绝对黏度概念
- ➢ 测定知识链接
- ➢ 认识仪器
- ➢ 绝对黏度（动力黏度）计算方法
- ➢ 安全知识

技能点

- ➢ 仪器选择（黏度计、恒温槽等）
- ➢ 转子、转速选择
- ➢ 仪器调节、安装
- ➢ 控制恒温
- ➢ 测定、读数
- ➢ 黏度计算

任务二　毛细管黏度计法测定机油运动黏度

看一看

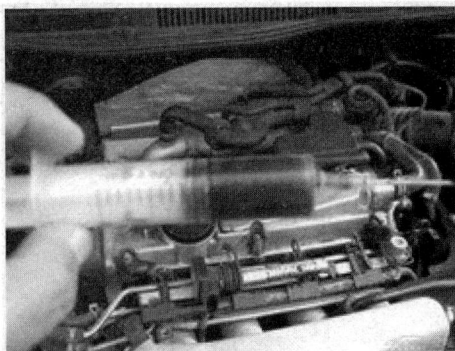
机油

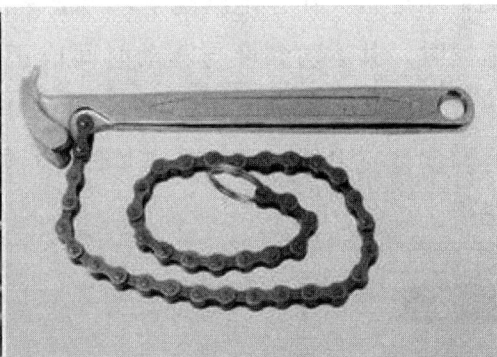
润滑作用

想一想

毛细管黏度计法如何来测定机油的运动黏度呢？

任务目标 ···❯···❯···❯

1. 能正确使用毛细管黏度计
2. 会使用秒表，能准确计时
3. 能准确测定试样的运动黏度
4. 能正确处理数据，报告测定结果

任务描述 ···❯···❯···❯

依据 GB/T 265—88《石油产品运动粘度测定法和动力粘度计算法》，用毛细管黏度计测定液体的运动黏度。

运动黏度是液体在重力作用下流动时内摩擦力的量度。某流体的绝对黏度与该流体在同一温度下的密度之比称为该流体的运动黏度，以 ν 表示。

$$\nu = \frac{\eta}{\rho} \tag{6-2}$$

其法定计量单位是 m^2/s。非法定计量单位是 St（沲）或 cSt（厘沲）。它们之间的关系是：

$$1m^2/s = 10^4 St = 10^6 cSt$$

在温度 $t(℃)$ 时的运动黏度以 ν_t 表示。

测定原理是，在一定温度下，当液体在直立的毛细管中，以完全湿润管壁的状态流动时，其运动黏度与流动时间成正比。测定时，用已知运动黏度系数 K 的液体或用已知运动黏度作标准（常以 20℃ 时的蒸馏水为标准液体），测量其从毛细管黏度计流出的时间，再测量试样自同一黏度计流出的时间，则可计算出试样的黏度。

💡 **想一想**

如何确定毛细管黏度计常数？

不同的毛细管黏度计，其常数 K 值不尽相同，可在黏度计检定证书上查出，还应定期经计量部门检定。还可以采用已知 20℃ 黏度 $\nu_{20}^{标}$ 的标准液体（或标准油）在 20℃ 下测定其流过黏度计的时间 $\tau_{20}^{标}$，然后按式（6-3）计算得到。实测时，应注意选用的标准液体其黏度应与试样接近，以减少误差。

$$K = \frac{\nu_{20}^{标}}{\tau_{20}^{标}} \tag{6-3}$$

式中　K——黏度计常数；

$\nu_{20}^{标}$——20℃ 时水的运动黏度，$1.0038 \times 10^{-6} m^2/s$；

$\tau_{20}^{标}$——20℃ 时水从黏度计流出的时间，s。

仪器与试剂准备 ⇢⇢⇢

运动黏度测定所需仪器与试剂见表 6-4。

表 6-4　运动黏度测定所需仪器与试剂及规格

项目	名　称	规　格
仪器	毛细管黏度计	如图 6-15～图 6-17 所示,内径 0.4～6.0mm,一组 13 支
	恒温浴	有透明壁或观察孔,根据测定要求,注入适当传热介质
	水银温度计	分度值为 0.1℃
	秒表	分度值为 0.1s
试剂	恒温浴液	恒温浴液体选择见表 6-5
	铬酸洗液	
	石油醚	分析纯
	乙醇	95％化学纯
试样	机油	工业产品或化学试剂
	其他石油产品	工业产品或化学试剂

想一想

如何选择恒温浴液体?

根据测定的条件不同,在恒温槽中注入不同的液体,如表 6-5 所示。

表 6-5　在不同温度使用的恒温浴液体

测定的温度/℃	恒温浴液体
50～100	透明矿物油、丙三醇(甘油)、25％硝酸铵水溶液(表面会浮着一层透明的矿物油)
20～50	水
0～20	水与冰的混合物,乙醚、乙醇与干冰(固体二氧化碳)的混合物
−50～0	乙醇与干冰的混合物(在无乙醇时,可用无铅汽油代替)

常用的毛细管黏度计及结构见图 6-15～图 6-17。

图 6-15　毛细管黏度计(运动黏度计)(一)

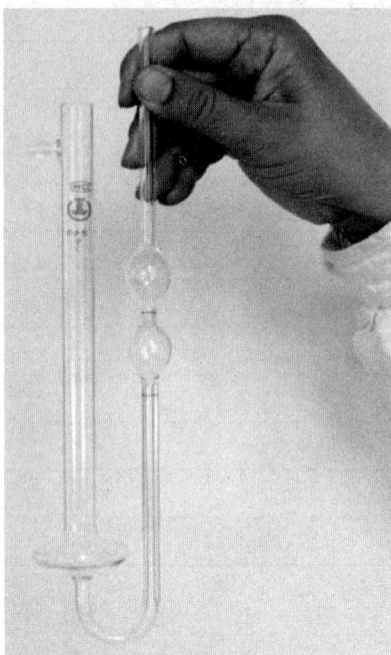

图 6-16　毛细管黏度计
（运动黏度计）（二）

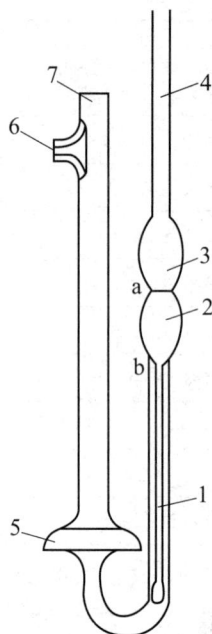

图 6-17　毛细管黏度计结构图

1—毛细管；2,3,5—扩张部分；4,7—管身；6—支管；

a,b—标线

小知识

在 SH/T 0173—92《玻璃毛细管粘度计技术条件》中规定，应用于石油产品黏度检测的毛细管黏度计分为四种型号，见表6-6。测定时，应根据试样黏度和试验温度选择合适的黏度计，使试样流出的时间在120～480s范围内，内径为0.4mm的黏度计流动时间不少于350s。但在0℃及更低温度测定高黏度润滑油试样时，流出时间可增加至900s；在20℃测定液体燃料时，流出时间可减少至60s。

表 6-6　玻璃毛细管黏度计规格型号

型号	毛细管内径/mm
BMN-1	0.4,0.6,0.8,1.0,1.2,1.5,2.0,2.5,3.0,3.5
BMN-2	4.0
BMN-3	5.0,6.0
BMN-4	1.0,1.2,1.5,2.0,2.5,3.0,3.5,4.0

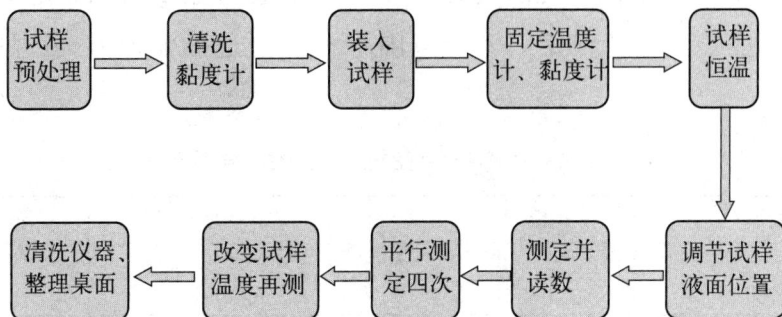

```
操作指南

试样预处理 → 清洗黏度计 → 装入试样 → 固定温度计、黏度计 → 试样恒温

清洗仪器、整理桌面 ← 改变试样温度再测 ← 平行测定四次 ← 测定并读数 ← 调节试样液面位置
```

（1）试样预处理　试样含有水或机械杂质时，在测定前应经过脱水处理，过滤除去机械杂质。

📚 **小知识**

黏度较大的润滑油，可以用瓷漏斗、水泵或其他真空泵进行吸滤，也可以在100℃的温度下进行脱水过滤。

（2）清洗黏度计　在测定试样黏度前，要用石油醚或溶剂油（如轻质汽油）对黏度计进行清洗，如果蘸有污垢，可用铬酸洗液、水、蒸馏水、95％乙醇依次洗涤，然后放入烘箱中烘干或用通过棉花滤过的热空气吹干。

（3）装入试样　测定运动黏度时，选一支适当内径的干净、干燥毛细管黏度计（如图6-17所示），吸入试样。在装入试样之前，在支管6处接一橡皮管，用软木塞塞住管身7的管口，倒转黏度计（如图6-18所示），将管身4的管口插入盛有试样的小烧杯中，通过连接支管的橡皮管用洗耳球将试样吸至标线b处（注意试样中不能出现气泡），然后捏紧橡皮管，取出

图6-18　装入试样

黏度计，倒转过来，擦干管壁，并取下橡皮管，将橡皮管移至管身4的管口。

（4）安装仪器　用夹子将黏度计固定在支架上，调节固定位置，必须使毛细管黏度计的扩张部分 3 浸入恒温浴液面一半。

（5）试样恒温　使黏度计直立于恒温浴中，使其管身下部浸入浴液，如图 6-19 所示。在黏度计旁边放一支温度计，使其水银泡与毛细管的中心在同一水平线上。试样温度必须保持恒定，波动范围不允许超过 ±0.1℃，恒温时间如表 6-7 所示。

表 6-7　黏度计在恒温浴中的恒温时间

试样温度/℃	恒温时间/min	试样温度/℃	恒温时间/min
80，100	20	20	10
40，50	15	−50～0	15

（6）调节试样液面位置　利用毛细管黏度计管身 4 所套的橡皮管将试样吸入扩张部分 3 中，使试样液面稍高于标线 a（如图 6-20 所示），并且注意不要使毛细管和扩张部分 3 中的液体产生气泡和裂痕。

图 6-19　黏度计直立于浴液中

图 6-20　吸入试样量

（7）测定试样流动时间　观察试样在管身中的流动情况，液面正好到达标线 a 时，启动秒表，液面流至标线 b 时，按停秒表。记下由标线 a 至标线 b 的时间。平行测定 4 次，各次流动时间与其算术平均值的差值应符合相应要求（如表 6-8 所示）。

表 6-8　不同温度下，允许单次测定流动时间与算术平均值的相对误差

测定温度范围/℃	允许相对测定误差/%	测定温度范围/℃	允许相对测定误差/%
<−30	2.5	15～100	0.5
−30～15	1.5		

（8）改变恒温浴液温度，测定试样在不同温度下的流动时间。

（9）取不少于三次的流动时间的算术平均值作为试样的流出时间。

→| 注意事项

（1）由于黏度随温度的变化而变化，所以测定前试液和毛细管黏度计均应准确恒温，并保持一定的时间。

（2）调整黏度计垂直状态时，要利用铅垂线从两个相互垂直的方向去检查毛细管的垂直情况。

（3）试液中有气泡会影响装液体积，且进入毛细管后可能形成气塞，增大液体流动的阻力，使流动时间拖长，造成误差。

记录与处理测定数据 ⇢⇢⇢⇢

测定数据及处理结果记录于表 6-9 中。

表 6-9　数据记录与处理

测定项目					测定方法	
测定时间			环境温度		合作人	
被测试样名称						
测定次数		Ⅰ		Ⅱ		Ⅲ
黏度计型号						
黏度计系数 K						
恒温条件/℃						
试样流出时间（秒表读数）/s						
计算公式						
运动黏度值/(mm²/s)						
算术平均值/(mm²/s)						
相对平均偏差						
结论（不同温度下的结果）						
文献值（或参考值）						

根据式（6-4）计算试样的运动黏度：

$$\nu_t = k\tau_t \tag{6-4}$$

式中　ν_t——t（℃）时试样的运动黏度，mm^2/s；

k——黏度计常数，mm^2/s^2；

τ_t——$t(℃)$ 时试液自黏度计流出的时间，s。

【例 6-1】 已知某毛细管黏度计常数为 $0.4780mm^2/s^2$，将试样于 50℃ 恒温浴中恒温，测得试样的流动时间分别为 318.0s、322.4s、322.6s、321.0s，试报告该试样的运动黏度。

解： 流动时间的算术平均值为

$$\tau_{50}=\frac{318.0+322.4+322.6+321.0}{4}=321.0(s)$$

查表 6-8 得，允许相对误差为 0.5%，即各次流动时间与平均流动时间的允许差值为

$$321.0×0.5\%=1.6(s)$$

由于 318.0s 与 321.0s 之间的差值已超过 1.6s，因此舍去 318.0s 这个数据。平均流动时间为

$$\tau_{50}=\frac{322.4+322.6+321.0}{3}=322.0(s)$$

则报告试样的运动黏度为

$$\nu_{50}=k\tau_{50}=0.4780×322.0=153.9(mm^2/s)$$

任务考核评价

考核内容	序号	考核标准	分值	得分
测定准备	1	试样预处理正确	3	
	2	仪器选择正确(合适内径的毛细管黏度计)	5	
	3	清洗黏度计正确	3	
仪器安装	4	黏度计安装正确	5	
	5	温度计选择正确	3	
	6	恒温浴液体选择正确	3	
	7	试样恒温至设定温度	3	
	8	装入试样于黏度计正确,不能有气泡	5	
	9	调节黏度计、温度计位置正确	5	
测定步骤	10	秒表读数正确	3	
	11	试样平行测定四次	5	
	12	改变试样温度	2	
	13	再次测定正确	5	

考核内容	序号	考核标准	分值	得分
测后工作及团队协作	14	按与安装相反的顺序拆卸仪器	5	
	15	仪器清洗、归位正确	2	
	16	药品、仪器摆放整齐	2	
	17	实验台面整洁	1	
	18	分工明确,各尽其职	5	
数据处理及测定结果	19	及时记录数据,记录规范、无随意涂改	5	
	20	结果计算正确,得出合理结论	10	
	21	测定结果与标准值比较≤±7.0	10	
	22	相对平均偏差≤1.0%	10	
考核结果				

知识拓展

一、如何判断测定结果的可靠性

1. 重复性

同一操作者,对同一试样进行两次重复测定,测定结果之差不应超过表6-10所列数据。

表6-10 不同测定温度下,运动黏度测定重复性要求

运动黏度测定温度/℃	重复性/%	运动黏度测定温度/℃	重复性/%
−60～−30	算术平均值的5.0	15～100	算术平均值的1.0
−30～15	算术平均值的3.0		

2. 再现性

当黏度测定温度范围为15～100℃时,两个实验室测出的结果之差,不应超过算术平均值的2.2%。

二、如何获得准确地测定液体温度

使用全浸式温度计时,如果其测温刻度露出恒温浴液面,则需按下式计算温度计液柱露出部分的补正值Δt,得出液体的准确温度。

$$t = t_1 - \Delta t \tag{6-5}$$

$$\Delta t = kh(t_1 - t_2) \tag{6-6}$$

式中　t——经校正后的测定温度，℃；

　　t_1——测定黏度时的规定温度，℃；

　　Δt——温度计液柱露出部分的空气温度，℃；

　　k——温度计常数，水银温度计 $k=0.00016$，酒精温度计 $k=0.001$；

　　h——露出液面的水银柱或酒精柱高度（用℃表示），℃；

　　t_2——接近温度计液柱露出部分的空气温度，℃。

三、新仪器新技术介绍

SYD-265H-1 型自动运动黏度试验器，如图 6-21 所示，按照 GB/T 265—88《石油产品运动粘度测定法和动力粘度计算法》和 GB/T 1632.1—2008《塑料　使用毛细管粘度计测定聚合物稀溶液粘度　第 1 部分：通则》所规定的要求设计制造，适用于对油品和聚合物稀溶液的运动黏度、黏数和特性黏数的测试，可广泛应用于石油、化工、科研、计量等部门。

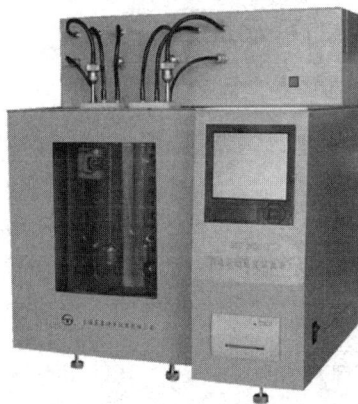

图 6-21　SYD-265H-1 型自动运动黏度试验器

安全防范

（1）正确使用毛细管黏度计。

（2）每完成一个步骤，应及时检查，以便纠正。

（3）安全用电。

知识点

➤ 黏度、运动黏度概念

➤ 运动黏度测定方法

➤ 认识仪器

➤ 运动黏度计算方法

➤ 安全知识

技能点

➤ 仪器选择（合适内径的毛细管黏度计）

➤ 正确清洗仪器

➤ 仪器调节、安装

➤ 控制恒温

➤ 正确测定、准确读数

➤ 黏度计算

任务三　恩氏黏度计法测定机油条件黏度

看一看

机油

想一想

黏度计法如何测定机油的条件黏度？

任务目标 ⇥⇥⇥

1. 能正确使用恩氏黏度计

2. 会使用秒表，能准确计时

3. 能准确测定试样的条件黏度

4. 能正确处理数据，报告测定结果

任务描述 ⋯→⋯→⋯→⋯

依据 GB/T 266—88《石油产品恩氏粘度测定法》，用特定黏度计测定机油的条件黏度。

条件黏度指采用不同的特定黏度计测得的黏度，与运动黏度相似，也遵循不同的液体流出同一黏度计的时间与黏度成正比。在规定温度下、特定的黏度计中，由一定量液体流出的时间，或者是此流出时间与在同一仪器中、规定温度下的另一种标准液体（通常是水）流出的时间之比，计算试样的条件黏度。

小知识 ⋯⋯⋯⋯⋯⋯⋯⋯

几种不同的条件黏度

根据所用仪器和条件的不同，条件黏度通常有下列几种。

（1）恩氏黏度　试样在规定温度下从恩氏黏度计中流出 200mL 所需的时间与 20℃ 的蒸馏水从同一黏度计中流出 200mL 所需的时间之比，用符号 E_t 表示。

（2）赛氏黏度　试样在规定温度下，从赛氏黏度计中流出 60mL 所需的时间，单位为秒。

（3）雷氏黏度　试样在规定温度下，从雷氏黏度计中流出 50mL 所需的时间，单位为秒。

以条件性的实验数值来表示的黏度，可以相对地衡量液体的流动性，这些数值不具有任何的物理意义，只是一个公称值。

恩氏黏度的测定原理就是按恩氏黏度的规定，分别测定试样在一定温度（通常为 50℃、100℃，特殊要求时也用其他温度）下，由恩氏黏度计流出 200mL 所需的时间（τ_t）和同样量的水在 20℃ 时由同一黏度计流出的时间，即黏度计的水值 K_{20}，根据式(6-7)计算试液的恩氏黏度。

$$E_t = \frac{\tau_t}{K_{20}}$$ (6-7)

恩氏黏度计测定黏度所需仪器与试剂见表 6-11。

表 6-11　条件黏度测定所需仪器与试剂及规格

项目	名称	规　　格
仪器	恩氏黏度计	见图 6-22、图 6-24,外形尺寸 200mm×200mm×400mm[长×宽×高,不含温控仪(图 6-23)]
	电加热控温器	控温精度±0.2℃
	温度计	恩氏黏度计专用,分度值为 0.1℃
	接收量瓶	(200.0±0.2)mL
	电子秒表	分度值为 0.01s
试剂	恒温浴液	恒温浴液体选择见表 6-5
	蒸馏水	
	石油醚	分析纯
	乙醇	95％化学纯
试样	机油	工业产品
	其他石油产品	工业产品

图 6-22　恩氏黏度计外观图

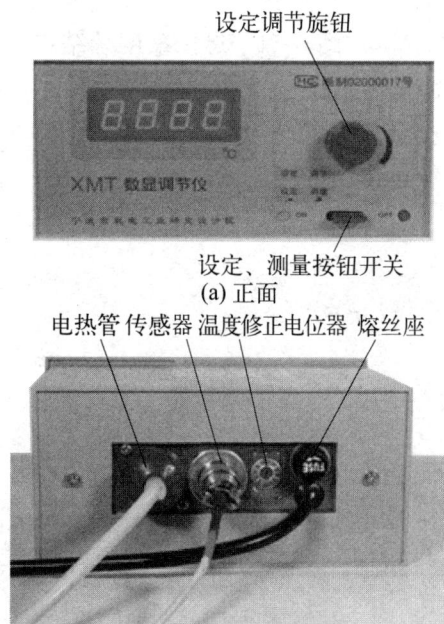

设定调节旋钮

XMT 数显调节仪

设定、测量按钮开关

(a) 正面

电热管　传感器　温度修正电位器　熔丝座

(b) 背面

图 6-23　温控仪

恩氏黏度计的结构,如图 6-24 所示,其结构是将两个黄铜圆形容器套在一起,内筒(内容器)10 装试样,外筒(外容器)12 为热浴。内筒底部中央有流出孔 6，试样可经小孔流出，流入接收量瓶 4（图 6-26）。筒上有盖，盖上有插堵塞棒（木塞，图 6-25）2 的孔 1 及插温度计的孔 11。内筒壁有三个尖钉 7，作为控制液面高度及仪器水平的水平器。外筒装在铁三脚架 9 上，足底有水平调节螺钉 5，黏度计热浴一般用电加热器加热并能自动调整控制温度。

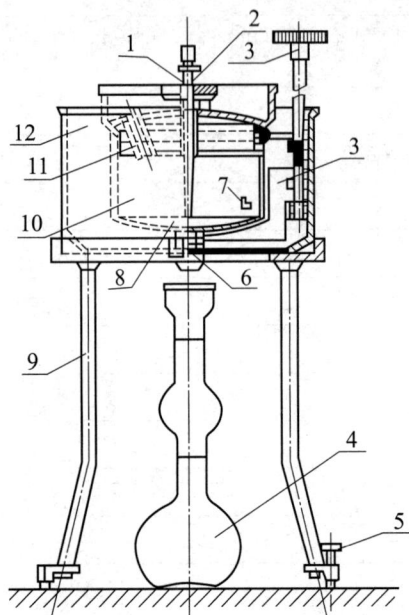

图 6-24　恩氏黏度计结构

1—木塞插孔；2—木塞；3—搅拌器；4—接收量瓶；
5—水平调节螺钉；6—流出孔；7—小尖钉；8—球面形底；
9—铁三脚架；10—内容器；11—温度计插孔；12—外容器

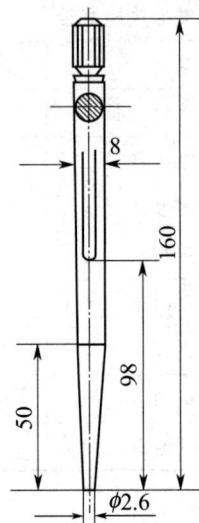

图 6-25　木塞（单位：mm）

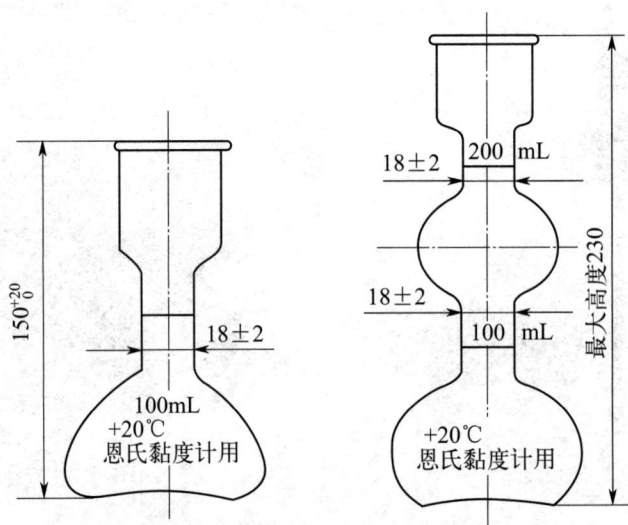

图 6-26　接收量瓶（单位：mm）

任务实施 ···▷ ···▷ ···▷

操作指南

清洗黏度计 → 调节仪器水平 → 内外筒加入水 → 调节温度测定水值K_{20} → 重复四次

干燥内筒和接收量瓶 ← 调节试样温度、测定 ← 改变温度再测 ← 平行四次、记录、计算 ← 清洗仪器、整理桌面

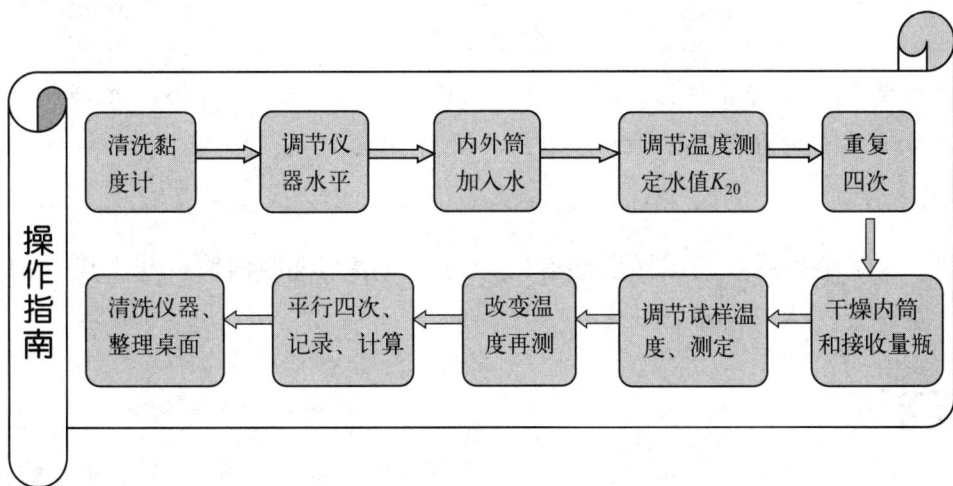

一、测定前准备

（1）用乙醚、乙醇和蒸馏水将黏度计的内筒洗净并干燥。

（2）将堵塞棒塞紧内筒的流出孔，注入一定量的蒸馏水，至恰好淹没三个尖钉。调整水平调节螺旋并微提起堵塞棒至三个尖钉刚露出水面并在同一水平面上，且流出孔下口悬留有一大滴水珠，塞紧堵塞棒，盖上内筒盖，插入温度计。

二、测定恩氏黏度计水值

（1）向外筒中注入一定量的水至内筒的扩大部分，插入温度计。然后轻轻转动内筒盖，并转动搅拌器，至内外筒水温均为 20℃（5min 内变化不超过 ±0.2℃）。

（2）置清洁、干燥的接收量瓶于黏度计下面并使正对流出孔。迅速提起堵塞棒，并同时启动秒表，当接收量瓶中水面达到 200mL 标线时，按停秒表，记录流出时间。平行测定四次，若每次测定值与其算术平均值之差不超过 0.5s，取其平均值作为黏度计水值（K_{20}）。

三、测定试样黏度

（1）将内筒和接收量瓶中的水倾出，并干燥。以试样代替内筒中的水，调节至要求的特定温度，按上述测定水值的方法，测定试样的流出时间。

（2）测定结束后，让试样全部流出，用有机溶剂洗净内筒，并干燥。倒出外筒的恒温浴液，擦干仪器。

注意事项

（1）恩氏黏度计的各部件尺寸必须符合规定的要求，特别是流出管的尺寸规定非常严格（见 GB/T 266—88），管的内表面经过磨光，使用时应防止磨损及弄脏。

（2）符合标准的黏度计，其水值应等于（51±1）s，并应定期校正，水值不符合规定不能使用，需要维修或报废该仪器。

（3）测定时温度应恒定到与要求温度偏差小于±0.2℃。试液必须呈线状流出，否则就无法得到流出 200mL 试液所需准确时间。

记录与处理测定数据

测定数据及处理结果记录于表 6-12 中。

表 6-12　数据记录与处理

测定项目						测定方法	
测定时间			环境温度			合作人	
测定次数		Ⅰ	Ⅱ		Ⅲ		Ⅳ
黏度计型号							
黏度计系数 K_{20}							
被测试样名称							
恒温条件/℃							
试样流出时间(秒表读数)/s							
计算公式							
条件黏度值							
算术平均值							
相对平均偏差							
结论(不同温度下的结果)							
文献值(或参考值)							

根据式(6-8)计算试样的恩氏黏度：

$$E_t = \frac{\tau_t}{K_{20}} \tag{6-8}$$

式中　E_t——试样在 t（℃）时的恩氏黏度，（°）；

　　　τ_t——试样在 t（℃）时从黏度计中流出 200mL 所需的时间，s；

　　　K_{20}——黏度计的水值，s。

安全防范

（1）外筒内未注入水（或润滑油）时，禁止打开控温仪使加热管加热，防止损坏测量系统。

（2）必须使恒温浴的温度均匀且稳定，否则将影响测量的结果。

（3）提起木塞和启动秒表的动作要一致、协调，否则将影响测量的准确性。

（4）当室温低于0℃时，将水槽内的水放尽，防止结冰损坏器件。

（5）仪器发生故障时应立即切断电源，请专业人员检修并排除故障后方可继续使用，防止发生意外。

任务考核评价

考核内容	序号	考核标准	分值	得分
测定准备	1	恒温浴液选择正确	3	
	2	温度计选择正确	3	
	3	水样恒温至设定温度	3	
仪器安装	4	仪器选择正确	3	
	5	黏度计安装正确	5	
	6	清洗黏度计正确	2	
	7	调节黏度计水平	5	
测定步骤	8	测定水值	5	
	9	秒表读数正确	3	
	10	平行测定水值四次	5	
	11	平行测定试样四次	5	
	12	改变试样温度	3	
	13	再次测定正确	5	

考核内容	序号	考核标准	分值	得分
测后工作及团队协作	14	仪器清洗、归位正确	2	
	15	按与安装相反的顺序拆卸仪器	5	
	16	药品、仪器摆放整齐	2	
	17	实验台面整洁	1	
	18	分工明确,各尽其职	5	
数据处理及测定结果	19	及时记录数据,记录规范、无随意涂改	5	
	20	结果计算正确,得出合理结论	10	
	21	测定结果与标准值比较≤±7.0	10	
	22	相对平均偏差≤1.0%	10	
考核结果				

📖 知识拓展

一、影响油品黏度的因素

影响油品黏度的因素有很多,主要有油品的化学组成、分子量、温度和压力等。

通常,当碳原子数相同时,各种烃类黏度大小排列的顺序是:正构烷烃＜异构烷烃＜芳香烃＜环烷烃,且黏度随环数的增加及异构程度的增大而增大。

二、润滑油基础油

润滑油基础油主要分为矿物基础油及合成基础油两大类。矿物基础油应用广泛,用量很大(占润滑油基础油的95%以上),但有些应用场合则必须使用合成基础油调配的产品,因而使合成基础油得到迅速发展,我国1995年修订了润滑油基础油标准,具体分类如下。

(1)按照黏度指数分类(表6-13)。

表6-13 基础油按黏度指数分类

类别	黏度指数 VI	类别	黏度指数 VI
超高黏度指数(UHVI)	VI≥140	中黏度指数(MVI)	40≤VI＜90
很高黏度指数(VHVI)	120≤VI＜140	低黏度指数(LVI)	VI＜40
高黏度指数(HVI)	90≤VI＜120		

(2)按使用范围,把基础油分为通用基础油和专用基础油(表6-14)。

表 6-14　基础油按使用范围分类

通用基础油	专用基础油	
	低凝基础油	深度精制基础油
	适用于多级发动机油、低温液压油和液力传动液等产品的低凝基础油	适用于汽轮机油、极压工业齿轮油等产品
UHVI、VHVI、HVI、MVI、LVI	UHVIW、VHVIW、HVIW、MVIW（代号后加 W）	UHVIS、VHVIS、HVISMVIS（代号后加 S）

（3）基础油 API 分类。美国 API 根据基础油组成的主要特性把基础油分成 5 类。

Ⅰ类为溶剂精制基础油，有较高的硫含量和不饱和烃（主要是芳烃）含量。

Ⅱ类主要为加氢处理基础油，其硫氮含量和芳烃含量较低。

Ⅲ类主要是加氢异构化基础油，不仅硫、芳烃含量低，而且黏度指数很高。

Ⅳ类为聚 α-烯烃合成油基础油。

Ⅴ类则是除Ⅰ～Ⅳ类以外的各种基础油。

任务总结

知识点

➤ 黏度测定原理
➤ 了解黏度计构造
➤ 黏度计的使用方法
➤ 恩氏黏度的计算方法

技能点

➤ 仪器安装（恩氏黏度计）
➤ 仪器水平调节
➤ 控制恒温温度
➤ 正确使用秒表
➤ 正确测定、准确读数

能力测试

一、选择题

1. 旋转黏度计是用来测定试样的（　　）。

A. 运动黏度　　　　B. 动力黏度　　　　C. 条件黏度　　　　D. 相对黏度

2. 用旋转黏度计测定试样的黏度时，应使读数在刻度盘的（　　）范围内。

A. 30%～80%　　　　B. 20%～60%　　　　C. 20%～80%　　　　D. 30%～70%

3. 用旋转法测定试样的黏度时，试样的温度应控制在（　　）。

A.（20±1）℃　　　　　　　　　　　　B.（20.0±0.1）℃

C.（20.0±0.5）℃　　　　　　　　　　D.（20.0±0.2）℃

4. 在用旋转法测定黏度时，转子浸入试液深度应为（　　）。

A. 转子的液位标线在液面的上方

B. 转子的液位标线在液面的下方

C. 转子浸入的深度任意

D. 转子的液位标线与液面相平

5. 图 6-27 中的操作（　　）。

A. 错误　　　　　　　　B. 正确

6. 图 6-28 中的操作（　　）。

A. 洗涤方法正确　　　　　　　　　　　B. 洗涤方法不正确

图 6-27

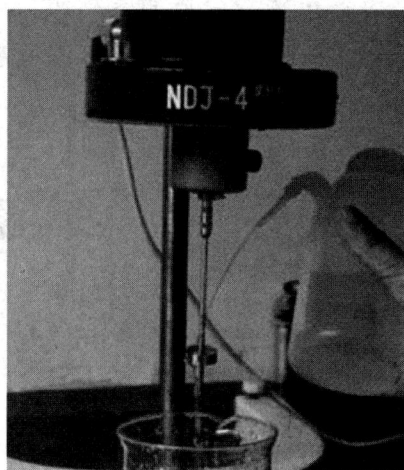

图 6-28

7. 毛细管黏度计一组共有（　　）支。

A. 2　　　　　　　　B. 5　　　　　　　　C. 8　　　　　　　　D. 13

8. 运动黏度是表示（　　）。

A. 液体的绝对黏度与同一温度下的液体密度之比

B. 液体的相对黏度与同一温度下的液体密度之比

C. 液体的条件黏度与同一温度下的液体密度之比

D. 液体的绝对黏度与液体条件黏度之比

9. 运动黏度的单位是（　　）。

A. m^2/s^2　　　　B. m/s^2　　　　C. mm^2/s　　　　D. m/s

10. 洗涤毛细管黏度计的方法是（　　）。

A. 用洗液、自来水、蒸馏水、乙醚洗涤

B. 用自来水洗净，然后加热干燥

C. 用无水乙醇洗涤，然后用蒸馏水洗涤

D. 用洗液、自来水洗涤即可

11. 一般情况下，选择毛细管黏度计的依据是使试样流出的时间在（　　）范围内。

A. 60～120s　　　　　　　　　B. 120～480s

C. 120～360s　　　　　　　　　D. 120～600s

12. 为保证试液和毛细管黏度计都达到恒温，在恒温器中黏度计放置的时间在20℃时放置（　　）min。

A. 5　　　　　B. 7　　　　　C. 10　　　　　D. 12

13. 为了保证测定的正确性，试液中不应含有（　　）。

A. 气泡　　　　B. 氧化物　　　　C. 酸性物

14. 恩氏黏度计测定水值时，恒温的标准是内外筒水温均为20℃，且5min内变化小于（　　）。

A. 0.1℃　　　　B. 0.2℃　　　　C. 0.3℃　　　　D. 0.4℃

15. 符合标准的恩氏黏度计水值应等于（　　）。

A. （50±1）s　　　B. （50±2）s　　　C. （51±1）s　　　D. （51±2）s

16. 清洗恩氏黏度计内筒时，依次用（　　）。

A. 乙醚、乙醇、蒸馏水　　　　　　B. 乙醇、乙醚、蒸馏水

C. 蒸馏水、乙醇、乙醚　　　　　　D. 蒸馏水、乙醚、乙醇

17. 黏度是表示（　　）。

A. 流体的内摩擦的物理量，是一层流体对另一层流体做相对运动时的阻力

B. 流体的内摩擦的物理量，是一层流体对另一层流体做绝对运动时的阻力

C. 流体的外摩擦的物理量，是多层流体对另一层流体做相对运动时的阻力

D. 流体的内摩擦的物理量，是多层流体对另一层流体做绝对运动时的阻力

18. 试样的黏度与温度的关系为（　　）。

A. 黏度的大小与温度无关

B. 温度上升，试样的黏度增大

C. 温度上升，试样的黏度减小

D. 随着温度的变化，试样黏度无规则变化

二、简答题

1. 黏度有几种表示方法？

2. 什么叫毛细管黏度计常数？什么是黏度计水值？

三、计算题

在 20℃时运动黏度为 $39 \times 10^{-6} mm^2/s$ 的标准试样，在毛细管黏度计中的流动时间为 372.8s。在 50℃时，测得某试样在毛细管黏度计中的流动时间为 139.2s，求该试样的运动黏度。

项目七

测定闪点

思考与讨论

　　同学们，平时很多石油化工产品爆炸和火灾事故发生的原因，有些是人为的，操作不当引起的，还有些是没有注意特别防护，我们可以从其液体闪点的高低来采取运送、储运和使用的各种防火安全措施。

　　石油产品的闪点和燃点，是易燃性物质的一个重要物理常数，是预示出现火灾和爆炸危险性程度的指标。由于使用石油产品时有封闭状态和暴露状态的区别，测定闪点的方法有闭口杯法和开口杯法两种。闭口杯法多用于轻质油品，开口杯法多用于润滑油及重质油品。

　　按照 GB/T 3536—2008《石油产品闪点和燃点的测定　克利夫兰开口杯法》和 GB/T 261—2021《闪点的测定　宾斯基-马丁闭口杯法》规定的方法，石油产品在加热后，产生的蒸气与周围空气形成混合气体，接触火焰产生闪火时，该试油的最低温度即为该石油产品的闪点。

任务一　开口杯法测定润滑油闪点

看一看

润滑油

润滑油是用在各种类型汽车、机械设备上以减少摩擦，保护机械及加工件的液体或半固体润滑剂，主要起润滑、冷却、防锈、清洁、密封和缓冲等作用。润滑油是一种技术密集型产品，是复杂的烃类化合物的混合物，而其真正使用性能又是复杂的物理或化学变化过程的综合效应。润滑油的基本性能包括一般理化性能、特殊理化性能。

每一类润滑油脂都有其共同的一般理化性能，以表明该产品的内在质量。对润滑油来说，这些一般理化性能如下：外观（色度）、密度、黏度指数、闪点、凝点和倾点、酸碱值和中和值、水分、机械杂质、灰分、硫酸灰分和残炭。

可见，闪点是油品特别是易燃性物质的一个重要物理常数，不同类型的物质有不同的闪点值。闪点是评价石油产品蒸发倾向和衡量油品在储存、运输和使用过程中安全程度的指标，也是燃料类产品质量的一个重要指标。

想一想

石油产品的闪点是怎么测定的呢？有开口杯和闭口杯两种方法？

任务目标 ⇢⇢ ⇢⇢ ⇢⇢

1. 认识开口杯闪点测定器
2. 掌握开口杯法测定原理及仪器使用方法
3. 能准确测定试样的开口杯闪点并读数
4. 能正确处理数据，报告测定结果

任务描述 ⇢⇢ ⇢⇢ ⇢⇢

在规定条件下，石油产品受热后，所产生的油蒸气与周围空气形成的混合气体，在遇到明火时，发生瞬间着火（闪火现象）时的最低温度，称为该石油产品的闪点。能发生连续 5s 以上的燃烧现象的最低温度，称为燃点。开口杯法多用于润滑油及重质油品测试。

测定时，把试样装入内坩埚中至规定的刻度线，先迅速升高试样温度，然后缓慢升温，当接近闪点时，恒速升温，在规定的温度间隔，用点火器的小火焰按规定通过试样表面，使试样表面上的蒸气发生闪火的最低温度，作为开口杯法闪点。继续进行试验，直到用点火器火焰使试样发生燃烧并至少燃烧 5s 时的最低温度，即为试样的燃点。

开口杯法测定闪点常用仪器与试剂见表7-1。

表7-1　开口杯法测定闪点所用仪器与试剂清单

项目	名　　称	规　　格
仪器	开口杯闪点测定器	如图7-1、图7-2所示
	温度计	符合GB/T 514—2005中开口闪点用的温度计要求
	大气压力计	
	煤气源	
试剂	无铅汽油	化学试剂（洗涤用）
	溶剂油	符合GB 1922—2006中NY-120要求
试样	润滑油	工业产品或化学试剂

开口杯闪点测定器如图7-1所示。

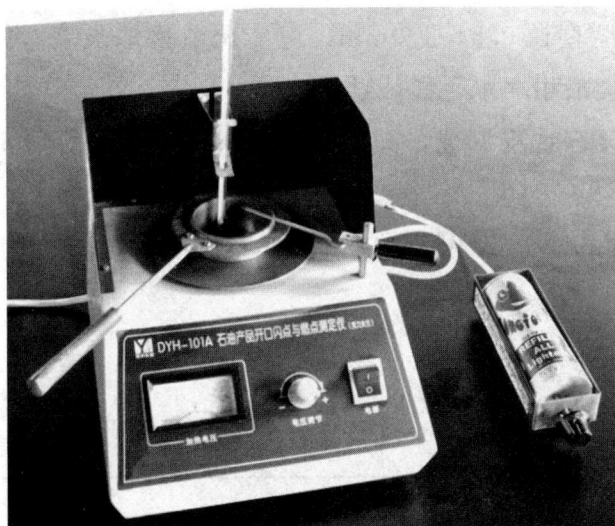

图7-1　克利夫兰开口杯闪点测定器

开口杯闪点测定器结构图如图7-2所示。

① 内坩埚用优质碳素结构钢制成，上口内径（64±1）mm，底部内径（38±1）mm，高（47±1）mm，厚度约为1mm，内壁刻有两道环状标线，各与坩埚上口边缘的距离为12mm和18mm。

② 外坩埚用优质碳素结构钢制成，上口内径（100±5）mm，底部内径（56±2）mm，高（50±5）mm，厚度约为1mm。

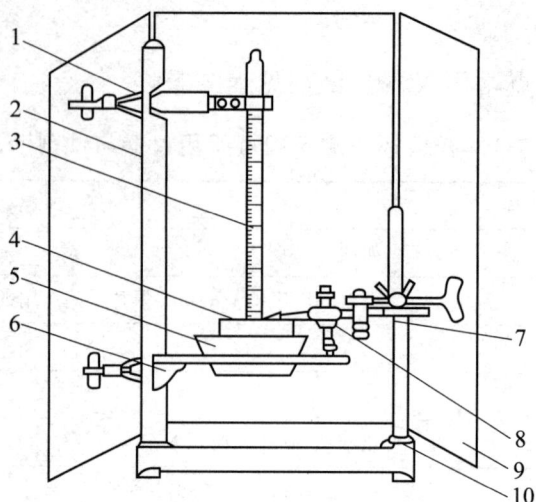

图 7-2 开口杯闪点测定器结构图

1—温度计夹；2—支柱；3—温度计；4—内坩埚；5—外坩埚；

6—坩埚托；7—点火器支柱；8—点火器；9—保护罩；10—底座

③ 点火器喷嘴直径 0.8～1.0mm，应能调节火焰长度，使其呈直径为 3～4mm 的球形，并能沿坩埚水平面任意移动。

④ 防护罩用镀锌铁皮制成，高 550～650mm，屏身内壁涂成黑色，并能三面围着测定仪。

⑤ 铁支架高约 520mm，铁环直径为 70～80mm，铁夹能使温度计垂直地插在内坩埚中央。

任务实施

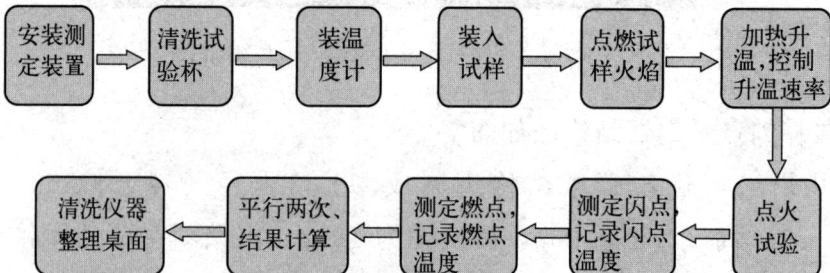

操作指南：

安装测定装置 → 清洗试验杯 → 装温度计 → 装入试样 → 点燃试样火焰 → 加热升温，控制升温速率 → 点火试验 → 测定闪点，记录闪点温度 → 测定燃点，记录燃点温度 → 平行两次、结果计算 → 清洗仪器整理桌面

一、测定前准备

（1）安装测定装置　将测定装置放在避风暗处，用防护屏围好，以便看清闪火现象。做到在预期闪点前 17℃ 时，能避免由于试验操作或凑近试验杯呼吸引起油蒸气游动而影响试验结果。

📚 **小知识**

有些试样的蒸气或热解产品是有害的，可允许将有防护屏的领口安装在通风橱内，但在距预期闪点前 56℃ 时，调节通风，使试样的蒸气既能排出又能使试验杯上面无空气流通。

（2）清洗试验杯　用无铅汽油或其他溶剂油洗涤试验杯，以除去前次试验留下的所有油迹、微量胶质或残渣（如图 7-3 所示）。如果有残渣存在，应该用钢丝球除去，用冷水冲洗，并在明火或加热板上干燥几分钟，以除去残存的微量溶剂和水。使用前应将试验杯冷却到预期闪点前 56℃。

图 7-3　洗涤后的试验杯

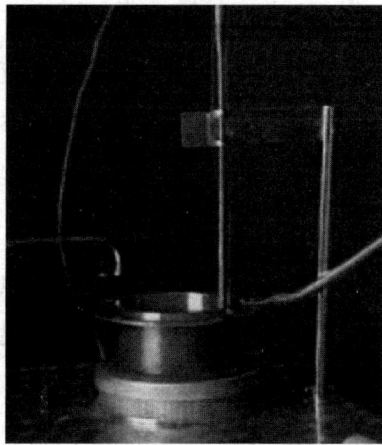

图 7-4　安装温度计

（3）安装温度计　将温度计旋转在垂直位置，使其球底离试验杯底 6mm，并位于试验杯中心与边之间的中点和测试火焰扫过弧（或线）相垂直的直径上，并在点火器的对边，如图 7-4 所示。

⤷ **注意事项**

温度计的正确位置是应使温度计上的浸入刻度线位于试验杯边缘以下 2mm 处。

二、试验步骤

（1）装入试样 将试样装入试验杯中，使弯月面的顶部恰好至刻度线。若注入试样过多，则用移液管或其他适当的工具取出多余的试样，若试样沾到仪器外边，则倒出，洗净后重装。要除去试样表面的空气泡，如图 7-5 所示。

图 7-5　装入试样　　　　　　　　图 7-6　调节火焰

（2）点燃试样火焰 点燃试样火焰，并调节火焰直径到 4mm 左右，如图 7-6 所示。若仪器上安装的金属球比较小，则火焰直径与其直径相同。

（3）控制升温速率 开始加热时，试样的升温速率为 14～17℃/min，当试样温度到达预期闪点前56℃时，减慢加热速率，使在闪点前约28℃时为5～6℃/min。

（4）点火试验 在预期闪点前 28℃时，按动划扫按钮开关，点火杆划扫点火。如未出现闪点现象，则每升温 2℃后，再次按动划扫按钮开关，点火杆向相反方向划扫点火。试验火焰每次越过试验杯所需时间约为 1s。

（5）测定闪点 在油面上任何一点出现闪火时，记录温度计上的温度作为闪点。但不要把有时在试验火焰周围产生的淡蓝色光环与真正闪点相混淆。

> **⇥ 注意事项**
>
> 　试样蒸气发生的闪火与点火器火焰的闪光不能混淆，如果闪火现象不明显，必须在试样升高2℃时继续点火证实。

（6）燃点的测定 如果还需要测定燃点，则应继续加热使试样的升温速率为5～6℃/min，继续使用试验火焰，试样每升高 2℃就扫划一次，直到试样着火并能连续燃烧不少于 5s，此时立即从温度计读出温度作为燃点的测定结果。同时记录大气压力。平行测定两次。

（7）试验结束后，做好清洁工作，并切断电源。

安全防范

（1）闪点测定器的正确操作，安全使用。

（2）防止油品燃烧。

（3）安全用气、用电，实验室通风。

记录与处理测定数据 ⋯⋯⋯⋯

测定数据及处理结果记录于表 7-2 中。

表 7-2 数据记录与处理

测定项目				样品名称	
测定时间		环境温度		合作人	
仪器及型号					
测定次数	I			II	
升温速率/(℃/min)	初始时	闪点前		初始时	闪点前
闪点/℃					
燃点/℃					
大气压力/kPa					
闪点或燃点校正公式					
闪点计算结果/℃					
燃点计算结果/℃					
闪点平均值/℃					
燃点平均值/℃					
相对平均偏差	闪点/℃			燃点/℃	
文献值（或参考值）	闪点/℃			燃点/℃	

油品闪点的高低受外界大气压力的影响。大气压力降低时，油品易挥发，故闪点会随之降低；反之，大气压力升高时，闪点会随之升高。压力每变化 0.133kPa，闪点平均变化 0.033～0.036℃，所以规定以 101.325kPa 压力下测定

的闪点（燃点）为标准。大气压力在 72.0～101.3kPa 范围时，可用经验公式（7-1）进行校正（精确至1℃）。

开口杯闪点的压力校正公式为：

$$t = t_p + (0.001125t_p + 0.21) \times (101.3 - p) \qquad (7\text{-}1)$$

式中　t——标准压力下的闪点，℃；

t_p——实际测定的闪点或燃点，℃；

p——试验条件下的大气压力，kPa。

任务考核评价 ⇢⋯⇢⋯⇢⋯⇢

考核内容	序号	考核标准	分值	得分
测定准备	1	清洗试验杯正确	2	
	2	试样装入正确	2	
	3	处理试样正确,除去气泡	5	
仪器安装	4	仪器选择正确(测量温度计、防护屏等)	3	
	5	温度计安装正确	3	
	6	闪点测定器安装正确	5	
	7	试验火焰直径大小约为 4mm	5	
测定步骤	8	测量温度计位置正确	2	
	9	升温速率控制正确	5	
	10	试验火焰划扫正确	5	
	11	测定时观察闪火正确	5	
	12	测定时观察燃点正确	5	
	13	样品平行测定两次	5	
测后工作及团队协作	14	记录大气压力	3	
	15	仪器清洗、归位	2	
	16	药品、仪器摆放整齐	2	
	17	实验台面整洁	1	
	18	分工明确,各尽其职	5	
数据处理及测定结果	19	及时记录数据,记录规范、无随意涂改	5	
	20	校正计算正确	10	
	21	测定结果与标准值比较≤±4.0	10	
	22	相对平均偏差≤1.5%	10	
考核结果				

一、试样测定前处理方法

（1）黏稠试样应在注入试样杯前先加热到能流动，但加热温度不应超过试样预期闪点前56℃。

（2）含有溶解水或游离水的试样可用氯化钙脱水，再用定量滤纸或疏松干燥的脱脂棉过滤。

二、克利夫兰开口闪点试验器

克利夫兰开口闪点试验器如图7-7所示。

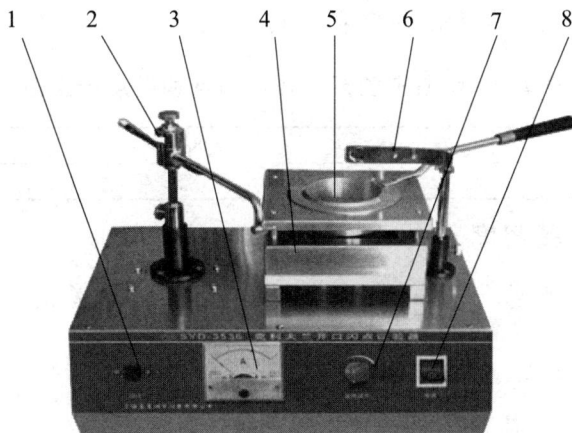

图 7-7　克利夫兰开口闪点试验器

1—点火划扫开关（按动此开关，点火器正向转动点火；再次按动此开关，点火器反向转动点火）；2—点火器（点火器组件，用于连接气源和点着燃气，顶部螺母用于调节火焰大小）；3—电流表（用于显示加热电炉的工作电流，调节和控制加热功率）；4—电炉（加热电炉）；5—克利夫兰油杯（本仪器盛放试样和加热的专用油杯）；6—温度计架（用于固定温度计并使其保持垂直）；7—调压旋钮（用于调节加热电炉的功率）；8—电源开关（打开此开关，指示灯亮，仪器接通工作电源）

三、克利夫兰开口杯法闪点温度计规格

克利夫兰开口杯法闪点温度计规格见表7-3。

表 7-3　克利夫兰开口杯法闪点温度计规格

项目	指标	项目	指标
范围/℃	-6~400	总长/mm	310±5
浸入深度/mm	25	棒径/mm	6~7
细刻度/℃	2	球长/mm	7.5~10
分刻度/℃	10	球径/mm	4.5~6
数字刻度/℃	20		
刻度误差/℃	≤1(≤260℃时)	球底到0℃刻度的距离/mm	45±10
	≤2(>260℃时)	球底到400℃刻度的距离/mm	275±10
膨胀室允许加热至/℃	420		

四、闪点的压力修正

大气压力低于 95.3kPa 时，试验所得的闪点和燃点，加上修正值作为试验结果，结果取整数值，修正值可查表 7-4。

表 7-4　克利夫兰开口杯法闪点和燃点修正值

大气压力/kPa	95.3~88.7	88.6~81.3	81.2~73.3
修正值/℃	2	4	6

五、测定结果精密度

根据国家标准规定，平行测定的两次结果，闪点差值不应超过下列允许值，见表 7-5。

表 7-5　平行测定闪点结果的允许误差

闪点/℃	允许误差/℃	闪点/℃	允许误差/℃
150℃以下	4	150℃以上	8

任务总结

知识点

➢ 开口杯闪点测定原理
➢ 开口杯闪点测定器构造
➢ 测定方法
➢ 测定结果校正方法
➢ 安全知识

技能点

➢ 安装测定装置
➢ 被测试样处理
➢ 控制升温速率
➢ 测定闪点和燃点
➢ 正确测定和读数
➢ 测定后整理

任务二　闭口杯法测定机油闪点

看一看

闪火

想一想

闭口杯法如何测定机油的闪点呢？

任务目标 ·➡·➡·➡

1. 认识闭口杯闪点测定器
2. 掌握闭口杯法测定原理和仪器使用方法
3. 能准确测定试样的闭口杯闪点并读数
4. 能正确处理数据，报告测定结果

任务描述 ·➡·➡·➡

　　通常轻质石油产品或在密闭容器内使用的润滑油多用闭口杯法测定闪点。对某些润滑油规定同时测定开口杯和闭口杯闪点，以判断润滑油馏分的宽窄程度和是否掺入轻质组分。如果开口闪点和闭口闪点相差悬殊，则说明该油品蒸馏时有裂解现象或已混入轻质组分。石油产品用哪一种方法测定闪点，在试验标准中都有明确规定。

试样在持续搅拌下用缓慢的、恒定的速率加热，在规定的温度间隔，同时在中断搅拌的情况下，将一小火焰引入杯内，引起试样上的蒸气闪火时的最低温度，即为闭口杯闪点。

仪器与试剂准备

闭口杯法测定闪点所用仪器与试剂见表 7-6。

表 7-6　闭口杯法测定闪点所用仪器与试剂清单

项目	名称	规格
仪器	闭口杯闪点测定器	如图 7-8、图 7-9 所示
	温度计	符合 GB/T 514—2005 中温度计要求
	大气压力计	
试剂	无铅汽油	化学试剂（洗涤用）
	溶剂油	符合 GB 1922—2006 中 NY-120 要求
试样	机油	工业产品或化学试剂
	轻柴油	工业产品或化学试剂

SYD-261 型闭口杯闪点试验器如图 7-8、图 7-9 所示。

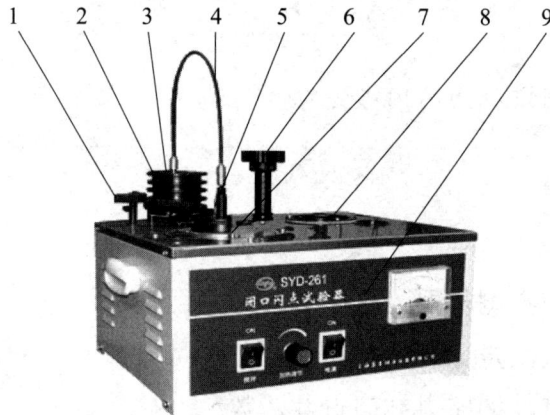

图 7-8　SYD-261 型闭口杯闪点试验器

1—进气口（气源从此口接入，通过进气口调节大小）；2—点火管（用于点燃煤气）；

3—搅拌电机（用于搅拌油杯中的试样）；4—搅拌软轴（连接搅拌电机和搅拌叶片，组成搅拌系统）；

5—滑板（点火时滑板滑动并控制引火器自动转向点火孔点火）；

6—弹簧旋钮（点火前锁紧滑板，点火时控制滑板的滑动）；

7—电炉（用于加热油杯中的试样）；8—油杯座（放置试样油杯或备用油杯）；9—面板（见图 7-9）

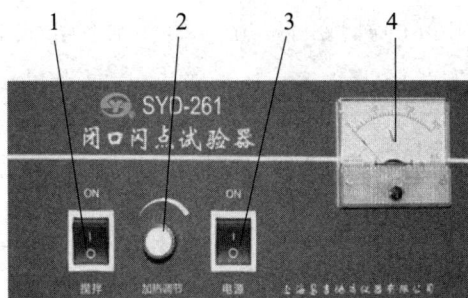

图 7-9　SYD-261 型闭口杯闪点试验器工作面板

1—搅拌开关（打开此开关，指示灯亮，搅拌器工作）；2—加热调节旋钮（用于调节加热电炉的功率）；

3—电源开关（打开此开关，指示灯亮，仪器接通工作电源）；4—电压表（指示电炉的加热电压值）

闭口杯闪点测定器结构如图 7-10 所示。

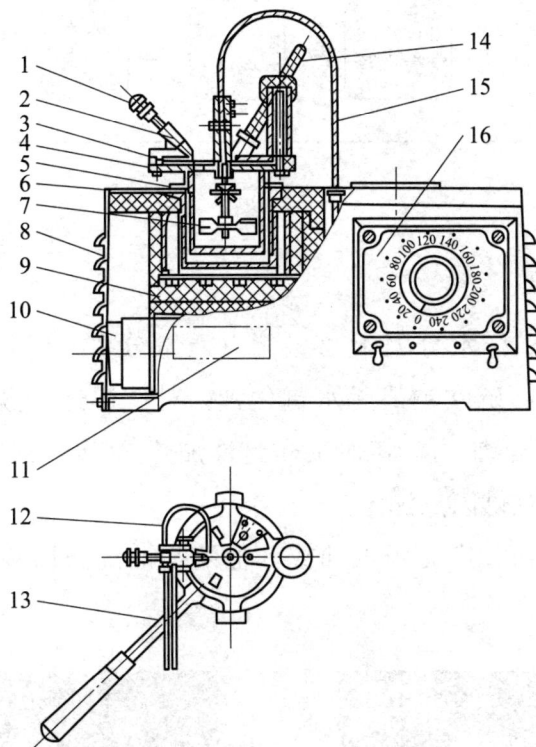

图 7-10　闭口杯闪点测定器结构图

1—点火器调节螺钉；2—点火器；3—滑板；4—油杯盖；5—油杯；6—浴套；7—搅拌桨；

8—壳体；9—电炉盘；10—电动机；11—铭牌；12—点火管；13—油杯手柄；

14—温度计；15—传动软轴；16—开关箱

（1）浴套　浴套为一铸铁容器，其内径为 260mm，底部距离油杯的空隙为 1.6～3.2mm，用电炉或煤气灯直接加热。

（2）油杯　油杯为黄铜制成的平底筒形容器，内壁刻有用来规定试样液面位置的标线，油杯盖也是由黄铜制成的，应与油杯配合密封良好。

（3）点火器　其喷孔直径为 0.8～1.0mm，应能将火焰调整成接近球形（其直径为 3～4mm）。

任务实施 ···›·›·›

操作指南

试样脱水 → 清洗试验杯 → 装入试样 → 引燃点火器 → 装好防护屏 → 加热升温，控制升温速率

清洗仪器、整理桌面 ← 平行两次、结果计算 ← 记录大气压数据 ← 测定闪点，记录闪点温度 ← 点火试验

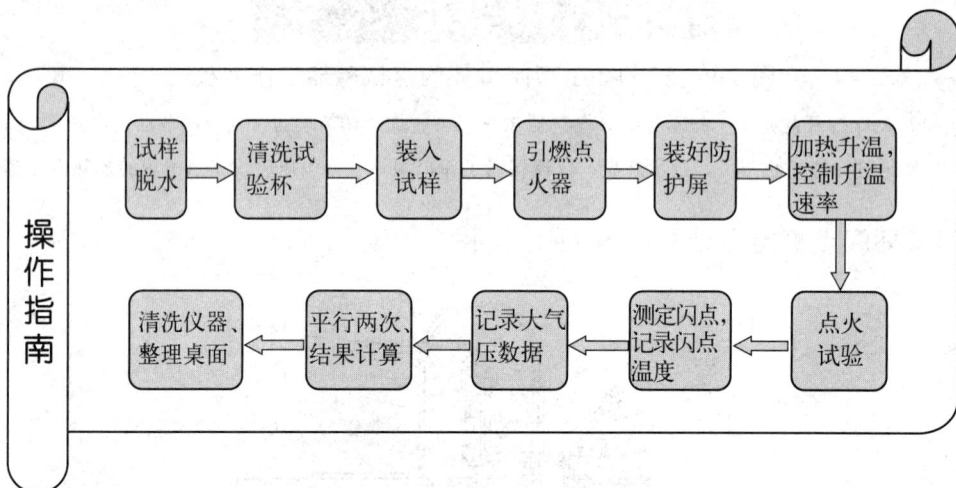

一、测定前准备

（1）试样脱水　试样水分大于 0.05％（质量分数）时，必须脱水。可以用新煅烧并冷却的食盐、硫酸钠或无水氯化钙，对试样进行脱水处理。闪点低于 100℃的试样脱水时不必加热，其他试样允许加热至 50～80℃时用脱水剂脱水。脱水后的上层澄清部分供闪点测定。

（2）清洗试验油杯　用无铅汽油或其他溶剂油洗涤试验油杯，如图 7-11 所示，再用空气吹干。

图 7-11　试验油杯

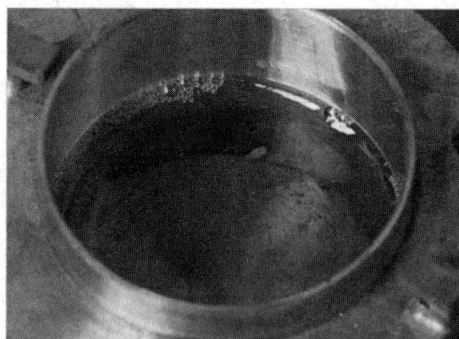

图 7-12　试验油杯标线处

（3）装入试样　试样注入油杯时，不应高于试样脱水时的温度。试样注入油杯至标线处，如图 7-12 所示，盖上清洁干燥的杯盖，插入温度计，并将油杯放入浴套中，闪点低于 50℃的试样应预先将空气浴冷却至（20±5）℃。

📚 **小知识**

　　试样加入量必须严格遵照规定，如加入量过多，油面上方空间相对减少，升温时，油蒸气与空气混合物的浓度更易达到爆炸范围，导致闪点偏低；如装油量过少，结果偏高。加油时油杯必须放在试验台上，慢慢注入试样，以防起泡影响观察刻度线。

　　（4）引燃点火器　将点火器的灯芯或煤气引火点燃，并将火焰调整至直径为 3～4mm 的球形，如图 7-13 所示。

　　（5）围好防护屏　闪点测定器应放在避风、较暗处。围着防护屏，有效地避免气流和光线的影响。

图 7-13　火焰球形

二、试验操作

　　（1）控制升温速率　开启加热器，调整加热速率，对于闪点低于 50℃的试样，升温应为每分钟升高 1℃，并须不断地搅拌试样；对于闪点在 50～150℃的试样，开始加热应为每分钟升高 5～8℃，并每分钟搅拌一次；对于闪点超过 150℃的试样，开始加热应为每分钟升高 10～12℃，并定期搅拌。当温度达到预计闪点前 20℃时，加热升温的速率应控制在 2～3℃/min。

　　（2）点火试验　当达到预计闪点前 10℃左右时，开始点火试验（注意：点火时停止搅拌，但点火后，应继续搅拌），点火时扭动滑板及点火器控制手柄，使滑板滑开，点火器伸入杯口，使火焰留在这一位置 1s 立即迅速回到原位。若无闪火现象，按上述方法每升高 1℃（闪点低于 104℃的试样）或 2℃（闪点高于 104℃的试样）重复进行点火试验。

（1）点火器火焰大小，火焰离油面的高度、停留时间长短均会影响结果。

（2）使用带灯芯的点火器时，应向点火器中加入燃料（缝纫机油、变压器油等轻质润滑油）。

（3）测定闪点　当第一次在试样液面上方出现蓝色火焰时，记录温度。继续试验，如果能继续闪火，才能认为测定结果有效。若再次试验时，不出现闪火，则应更换试样重新试验。

（4）记录大气压　用检定过的气压计，测出试验时的实际大气压力，记录数据。

安全防范

（1）闪点测定器的正确操作，安全使用。

（2）防止油品燃烧。

（3）安全用气、用电。

记录与处理测定数据 ⊹→ ⊹→ ⊹

测定数据及处理结果记录于表 7-7 中。

表 7-7　数据记录与处理

样品名称		测定项目		测定方法	
测定时间		环境温度		合作人	
仪器及型号					
测定次数		I		II	
升温速率/(℃/min)	初始时	闪点前		初始时	闪点前
闪点/℃					
大气压力/kPa					
闪点校正公式					
闪点计算结果/℃					
闪点平均值/℃					
相对平均偏差					
文献值（或参考值）					

闭口杯闪点的校正公式为：

$$t = t_p + 0.0259 \times (101.3 - p) \qquad (7\text{-}2)$$

式中　t——标准压力下的闪点，℃；

　　　t_p——实际测定的闪点，℃；

　　　p——测定闪点时的大气压力，kPa。

任务考核评价

考核内容	序号	考核标准	分值	得分
测定准备	1	取样前摇匀试样	2	
	2	取样前试样水分应不超过 0.05%	5	
	3	试验油杯清洗正确	3	
	4	取样量符合要求	3	
仪器安装	5	仪器选择正确(测量温度计、防护屏等)	3	
	6	试验火焰直径大小合适	5	
	7	闪点测定仪安放在避风且较暗处	3	
测定步骤	8	升温开始应搅拌	3	
	9	升温速率控制正确	5	
	10	点火试验前、后正确搅拌	5	
	11	测定时观察闪火正确	5	
	12	发现闪火后，继续进行试验	5	
	13	重复试验应闪火，如不闪火，重新试验	5	
测后工作及团队协作	14	大气压力记录正确	3	
	15	仪器清洗、归位正确	2	
	16	药品、仪器摆放整齐	2	
	17	实验台面整洁	1	
	18	分工明确，各尽其职	5	
数据处理及测定结果	19	及时记录数据，记录规范、无随意涂改	5	
	20	校正计算准确	10	
	21	测定结果与标准值比较≤±4.0	10	
	22	相对平均偏差≤1.5%	10	
考核结果				

一、测定结果精密度

不同闭口杯闪点范围的精密度要求见表7-8。

表7-8 不同闭口杯闪点范围的精密度要求

闪点范围/℃	精密度	
	重复性允许差值/℃	再现性允许差值/℃
≤104	2	4
>104	6	8

二、新仪器新技术简介

全自动闭口杯闪点测定仪是依据GB/T 261—2008、GB/T 21615—2008、ASTM D93及欧盟REACH法规等设计生产，是测定石油产品闭口杯闪点的新型仪器，如图7-14所示。仪器可以实现一机多炉功能，可在同一操作界面最多控制三台测试炉检测三个样品；以触摸屏代替键盘操作，液晶大屏幕LED全中文显示人机对话界面，具有无标识按键提示输入，开放式、模糊控制集成软件，模块化结构，方便快捷，广泛应用于电力、铁路、石油、化工、航空行业及科研部门。

图7-14 全自动闭口杯闪点测定仪

任务总结

知识点

➢ 闭口杯闪点测定原理
➢ 闭口杯闪点测定器构造
➢ 测定方法
➢ 测定结果校正方法
➢ 安全知识、注意事项

技能点

➢ 测定仪器选择
➢ 被测试样处理
➢ 控制升温速率
➢ 点火试验测定闪点
➢ 正确测定和读数
➢ 测定后整理

一、选择题

1. 闭口杯法主要用于测定（　　）。

A. 高闪点的油样 　　　　　　　　　　B. 低闪点的油样

C. 任何一种油样 　　　　　　　　　　D. 闪点在 50～300℃的油样

2. 闭口杯法测定石油产品的闪点时，试样水分超过（　　），必须脱水后才能进行测定。

A. 0.5％ 　　　　B. 0.1％ 　　　　C. 0.05％ 　　　　D. 0.01％

3. 测定闪点过程中，进行点火试验时，点火器的火焰直径应调整为（　　）。

A. 1～2mm 　　　B. 3～4mm 　　　C. 5～6mm 　　　D. 任意大小

4. 开口闪点测定器的内坩埚中有 2 道标线，测定时加入油样的量应（　　）。

A. 达到任意标线即可

B. 在 2 根标线之间

C. 根据油样闪点的高低，决定加到哪一标线处

D. 加到上标线处

5. 石油产品的闪点（　　）。

A. 与密度有关，密度越大，闪点越高 　　B. 与密度有关，密度越大，闪点越低

C. 与沸点有关，沸点越高，闪点越低 　　D. 与沸点有关，沸点越高，闪点越高

6. 石油产品的闪点和燃点相比（　　）。

A. 闪点和燃点相同 　　　　　　　　　B. 闪点比燃点高

C. 闪点比燃点低 　　　　　　　　　　D. 不一定

7. 图 7-15 中（　　）。

A. 油杯中加入油的量正好 　　　　　　B. 油杯中加入油的量太少

C. 油杯中加入油的量太多 　　　　　　D. 油杯中加入油的量可多可少

　　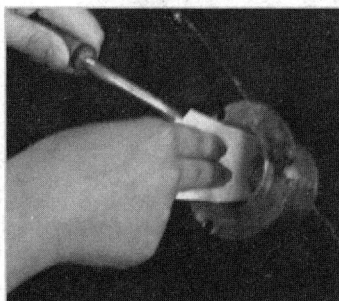

图 7-15 　　　　　　　　　　　图 7-16

8. 图 7-16 中（　　）。

A. 操作完全正确　　　　　　　　B. 擦油杯时用的滤纸太少

C. 能用滤纸擦油杯　　　　　　　D. 上述说法都不正确

9. 在规定条件下，石油产品受热后，所产生的油蒸气与周围空气形成的混合气体，在遇到明火时，发生（　　）时的最低温度，称为该石油产品的闪点。

A. 瞬间着火　　　　　　　　　　B. 着火

10. 能发生连续（　　）秒以上的燃烧现象的最低温度，称为燃点。

A. 1　　　　　　　B. 3　　　　　　　C. 5　　　　　　　D. 7

二、简答题

1. 简述闪点和燃点的定义，并比较两者的异同之处。

2. 测定石油产品的闪点有哪两种方法？一般情况下，哪些石油产品需测开口杯闪点？同一试油分别用开口杯法和闭口杯法测得闪点的数值是否一样？为什么？

三、计算题

1. 在大气压力为 92.2kPa 时用开口杯法测得某车用机油的闪点为 207℃，问该机油在 101.3kPa 大气压力下的开口杯闪点是多少？

2. 用闭口杯闪点测定器测得某高速机油的闪点为 126℃。如果测定时的大气压力为 95.3kPa，问该机油的标准闭口杯闪点是多少？

项目八
测定凝固点

思考与讨论

家庭中炖的肉类，放凉后表面就会凝结；在寒冷的冬天，一桶花生油即使放在室内也很容易出现发白凝固的现象，这是为什么？

凝固点是物质的重要物理常数之一，其值是物质或石油产品低温流动性的重要指标。纯物质一般具有固定的凝固点，若该物质含有杂质，则其凝固点降低。通过测定样品的凝固点，可以了解产品质量情况，确定产品等级，其数据可以作为制定产品质量技术指标、制定生产工艺指标和指导配料比的依据。

不同物质凝固点的测定所依据的国家标准不同，例如 GB 510—2018《石油产品凝点测定法》、GB/T 1663—2001《增塑剂结晶点的测定》等。

凝固点的确定方法有冷却曲线法和观察法。

任务一　测定石油产品凝固点

看一看

石油产品

石油产品和我们的生活息息相关。天空中展翅云天的飞机、海洋中乘风破浪的船舶、陆地上日新月异的汽车等，使用的燃料是石油经过加工得到的各种汽油、煤油、柴油等；使用在工农业生产中的各种机械，用来减少机件之间摩擦的润滑油和润滑脂，是石油产品；地面上纵横交错的公路，铺路用的沥青，是石油产品；我们日常生活中使用的纸张、塑料、橡胶制品、穿的衣服甚至食品，都和石油产品有关，石油产品已经渗透到我们生活的各个领域。石油产品凝（固）点的测定，是油品检验的一项很重要的内容。

💡 想一想

凝固点是怎么测定的呢？

任务目标 ⇢⇢⇢⇢⇢⇢

1. 会使用石油产品凝点测定仪
2. 会测定油品凝点

任务描述 ⇢⇢⇢⇢⇢⇢

物质的凝固点是指液体在冷却过程中由液态转变为固态时的相变温度。

石油产品的凝固点，通常称为石油产品的凝点，是指在规定的试验条件下，将装有试样的试管冷却并倾斜45°经过1min后，样品表面不再流动时的温度。

由于石油产品是由多种烃类组成的复杂混合物，其不像单体物质一样具有一定的凝固点，通常所指的油品凝点只是指油品丧失流动性时的近似最高温度。

油品凝点高低主要和馏分的轻重、化学组成有关。一般来说，馏分轻则凝点低，馏分重则凝点高。

测定时，将样品装在规定的试管中，加热、冷却到预期的温度时，将试管倾斜45°，1min后观察液面是否移动，当液面不移动时的最高温度即为样品的凝固点（凝点）。

石油产品凝点的测定，在生产和应用上具有重要意义。对于含蜡油品来说，凝点可以作为估计石蜡含量的间接指标，油品中含蜡越多，凝点越高；凝点还用以表示一些油品的牌号，如冷冻机油、变压器油、轻柴油等；在不同气温地区和机器使用条件中，凝点可作为低温选用油品的依据，保证油品正常运输、机器正常运转；在油品储运中，根据气温及油品的凝点，能够正确判断油品是否凝固，以便采取相应措施，保证油品正常装卸和运输。

仪器与试剂准备

石油产品凝点仪见图 8-1，其结构见图 8-2。测定石油产品凝固点所需仪器与试剂的种类和规格见表 8-1。

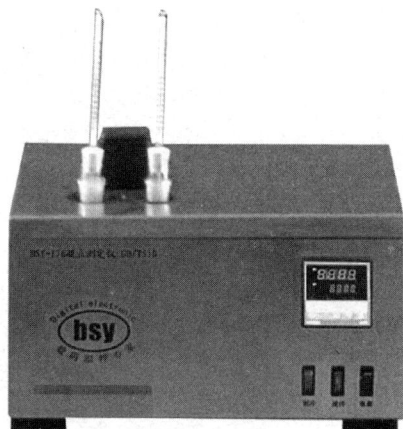

图 8-1　BSY-176 型凝点仪

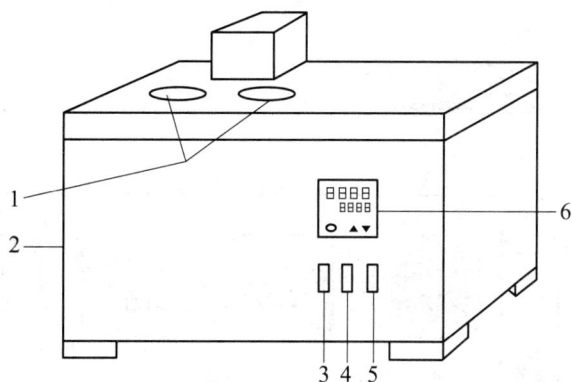

图 8-2　BSY-176 型凝点仪结构

1—冷浴孔；2—封闭浴槽；3—制冷开关；4—搅拌开关；

5—电源开关；6—智能控温仪

表 8-1　仪器与试剂的种类和规格

项目	序号	名称	规格
仪器	1	凝点仪	−40℃～室温,控温精度±1℃
	2	恒温水浴	温度可控制在(50.0±0.1)℃
	3	凝点管	内管:长 160mm,内径 20mm,距管底 30mm 处外壁有一环形标线 外管:长 130mm,内径 40mm
	4	温度计	内标
试剂	5	乙醇	工业品或化学试剂
试样	6	机油	工业品

凝点管由内管（圆底试管）和外管（圆底玻璃套管）组成。内管长 160mm，内径 20mm，距管底 30mm 处外壁有一环形标线；外管长 130mm，内径 40mm，见图 8-3。

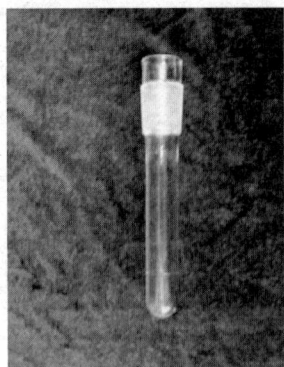
(a) 凝点管内管

(b) 凝点管外管

图 8-3　凝点管

![任务实施]

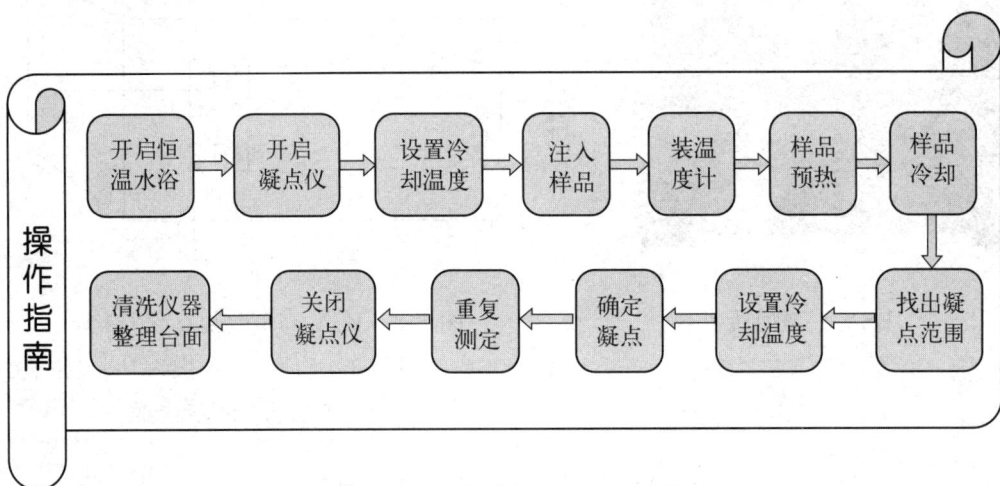

操作指南

开启恒温水浴 → 开启凝点仪 → 设置冷却温度 → 注入样品 → 装温度计 → 样品预热 → 样品冷却

清洗仪器整理台面 ← 关闭凝点仪 ← 重复测定 ← 确定凝点 ← 设置冷却温度 ← 找出凝点范围

一、仪器准备

（1）恒温水浴准备　开启恒温水浴，温度设定 $(50\pm1)℃$。

（2）凝点仪准备

① 注入冷却剂　从冷浴孔注入工业酒精约3L。

② 开机　接好电源，打开电源开关，此时智能控温仪（见图8-4）显示浴槽内温度。

③ 设定冷却温度　设定控温点，使冷却剂的温度比样品预期凝点低7~8℃；打开制冷开关和搅拌开关，使电机均匀搅拌。

图 8-4　智能控温仪和凝点仪开关

二、样品准备

（1）在干燥、洁净的凝点管（见图8-5、图8-6）内管中注入样品，使液面满到环形标线处，见图8-7；插上温度计，使水银球距管底8~10mm。

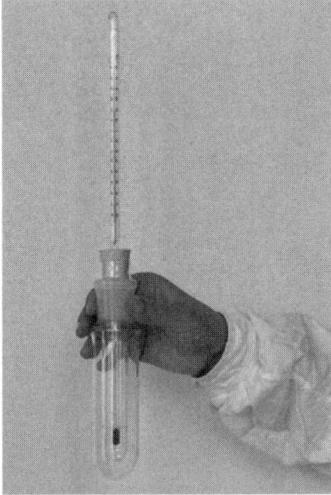

图8-5　凝点管

图8-6　凝点管环形标线
及温度计水银球位置

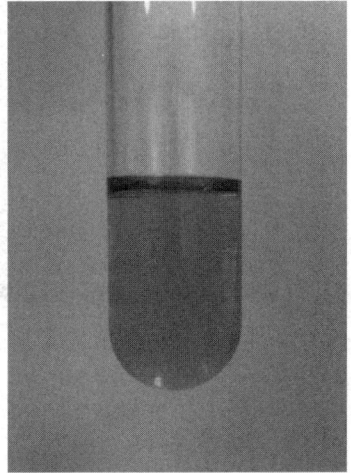

图8-7　样品液面位置

（2）样品预热。将装有试样和温度计的凝点管垂直地浸在（50±1）℃的恒温水浴中，直至试样的温度达到（50±1）℃。

三、测定凝点

1. 找出凝点范围

（1）样品冷却。从水浴中取出装有试样和温度计的凝点管，擦干外壁，于室温中静置，直至凝点管中的试样冷却到（35±5）℃为止。

（2）将凝点管放置于凝点仪的冷浴槽中，见图8-8。当试样冷却到预期的凝点时，取出凝点管，倾斜45°，保持此倾斜状态1min，见图8-9；然后垂直放置仪器，观察里面液面是否有移动迹象。

① 当液面有移动时，将凝点管重新预热至（50±1）℃，然后用比前次低4℃或其他更低的温度重新测定，直至某试验温度能使试样液面停止移动为止。

② 当液面没有移动时，将凝点管重新预热至（50±1）℃，然后用比前次高4℃或其他更高的温度重新测定，直至某试验温度能使试样液面位置有了移动

为止。

图 8-8　凝点管置于冷浴槽中

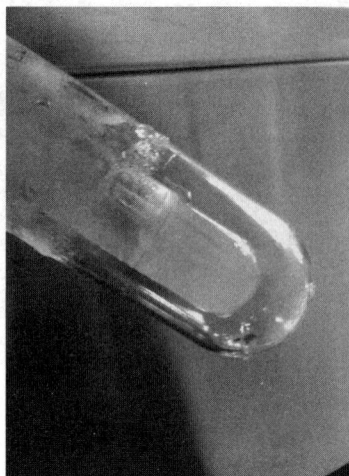

图 8-9　倾斜 45°保持 1min

液面位置从移动到不移动或从不移动到移动的温度范围，就是凝点范围。

2. 确定试样凝点

采用比移动温度低 2℃或比不移动温度高 2℃的温度，重新进行试验，如此反复，直至能使液面位置静止不动而提高 2℃又能使液面移动时，取液面不动时的温度作为试样的凝点，记录凝点温度。

3. 重复测定

取比第一次测定测出的凝点高 2℃的温度，进行重复测定。

四、测量结束，关机

按照"制冷开关→搅拌开关→电源开关"顺序关闭凝点仪。

（1）试样的凝点必须重复测定，取重复测定的两次结果的算术平均值，作为试样的凝点。

（2）测定结果可靠性（95％置信水平）判断：

① 重复性。同一操作者重复测定两次，结果之差不应超过2℃。

② 再现性。由不同实验室提出的两个结果之差不应超过4℃。

记录与处理测定数据

测定数据及处理结果记录于表8-2中。

表8-2　数据记录与处理

样品名称		测定项目		仪器及型号	
温度		测定时间		合作人	
测定次数		I		II	
液体移动温度/℃					
液体不移动温度/℃					
凝点范围/℃					
凝点温度/℃					
凝点温度平均值/℃					
相对平均偏差/％					
文献值(或参考值)/℃					

任务考核评价

考核内容	序号	考核标准	分值	得分
仪器准备	1	恒温水浴温度设定(50±1)℃正确	5	
	2	冷浴温度设定比预期凝点低7～8℃正确	5	
样品准备	3	凝点管干燥清洁	5	
	4	样品加至凝点管环形标线正确	5	
	5	温度计安装正确(水银球距管底8～10mm)	5	
	6	样品预先加热至(50±1)℃正确	5	
凝点测定	7	样品预热后在室温中降温至(35±5)℃正确	5	
	8	凝点观察正确(倾斜45°保持1min后垂直放置)	5	
	9	凝点范围确定正确	10	
	10	重复试验温度选择正确	5	
	11	温度计读数正确	5	
	12	样品平行测定两次	5	

考核内容	序号	考核标准	分值	得分
测后工作及团队协作	13	关机顺序正确（制冷开关、搅拌开关、电源开关）	5	
	14	药品、仪器摆放整齐	2	
	15	实验台面整洁	2	
	16	分工明确，各尽其职	1	
数据处理	17	及时记录数据，记录规范、无随意涂改	5	
	18	重复测定两次结果之差不超过2℃	20	
考核结果				

知识拓展

一、BSY-176 型凝点仪

BSY-176 型凝点仪适应于 GB 510—2018《石油产品凝点测定法》。该仪器采用压缩机制冷原理，封闭式浴槽，配有倾斜支架及倾点套，并装有智能数字显示控制仪，使用方便，仪器采用模糊控制原理和 PID 自整定技术，控制性能稳定可靠。

1. 工作原理及主要技术参数

仪器制冷系统是由压缩机、过滤器、毛细管节流器、蒸发器及各连接管路组成。制冷剂通过蒸发器吸热膨胀，膨胀后的气体由压缩机压入排气管路形成高温高压气体再进入冷凝器冷却成液体，然后经毛细管节流降压进入蒸发器蒸发吸热从而达到制冷目的。制冷剂蒸发后又被压缩机压入排气管进入冷凝器，这样周而复始地工作实现循环制冷。温度控制系统是由智能数显控温仪进行 PID 调节实现定点控温，控温仪输出的控制信号触发固态继电器，使加热管工作抵消压缩机制冷系统产生的冷量，使其恒在我们所需要的温度上（见图 8-10）。

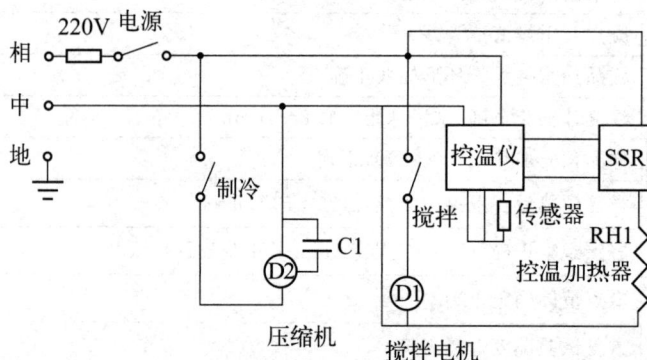

图 8-10　BSY-176 型凝点仪工作原理图

主要技术参数

(1) 温度范围　－40℃～室温。

(2) 降温时间　≤100min（－40℃～室温；室温～＋20℃）。

(3) 输入方式　Pt100。

(4) 控温精度　±0.1℃。

(5) 电源电压　220V，50Hz。

(6) 结构形式　一槽两孔。

2. 安装与使用

先从冷浴孔注入工业酒精约3L。送电前先接妥地线确保人身安全。

(1) 接好电源，打开电源开关，此时智能温控仪显示浴槽内温度。

(2) 设定控温点温度。智能温度控制仪上排数码显示的是浴槽实测温度，下排数码显示的是设定温度。设定控温点温度时，请按以下程序操作：

按下⌒键，上排数码显示 SP，按加数键▲数码增加，按减数键▼数码减少，设定好温度时，再按下⌒键，回到标准模式。仪器自动控制加热管使浴槽温度恒定到设定温度。

(3) 做室温以下温度打开制冷开关；做室温以上温度关掉制冷开关。打开搅拌开关，使电机均匀搅拌提高恒温精度。

(4) 按 GB 510—2018 试验方法进行试验。

(5) 关机时，首先关闭制冷开关，停止压缩机工作，然后关闭搅拌开关，最后关闭电源开关。

3. 日常维护

(1) 经常保持仪器清洁，防止酸、碱、油污，防潮。

(2) 移动仪器、清洁仪器时，必须拔下电源插头，以避免触电危险。

(3) 每次关机后，必须停机10min后再开机。

(4) 搬运仪器时，倾斜角度不能大于45°。

二、TP526全自动凝点测定仪

TP526 全自动凝点测定仪（图 8-11）是依据 GB 510—2018、GB/T 3535—2006 研发制造的新一代自动化检测仪器，适用于测定润滑油及深色石油产品的凝点、倾点，对于黏度大小没有限制，测定范围更广泛，可应用于电力、石油、化工、商检及科研等部门。

　　仪器采用高性能压缩机制冷，测量范围广；测试方式可选，既可快速检测也可正常检测，检测时自动倾斜；自动检测，自动打印结果，重复性好；仪器采用液晶显示，触摸操控；具有故障诊断等功能，可提示操作，使用方便。

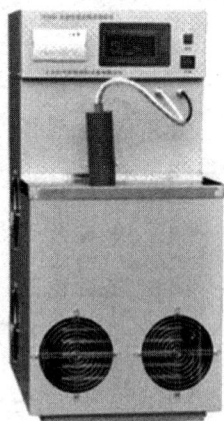

图 8-11　TP526 全自动凝点测定仪

主要技术参数

（1）测量范围　$-40℃\sim$室温。

（2）测定精度　$\pm0.1℃$。

（3）分辨率　$0.1℃$。

（4）显示方式　液晶显示。

（5）环境温度　$-40\sim5℃$。

（6）相对湿度　$\leqslant85\%$。

（7）电源电压　$(220\pm22)V$；$(50\pm5)Hz$。

（8）功率消耗　$<300W$。

任务总结

知识点

➢ 石油产品凝点的概念、测定意义

➢ 凝点测定原理

➢ 凝点确定方法

➢ 油品凝点测定方法

技能点

➢ 样品添加

➢ 温度计安装

➢ 冷却剂温度设定

➢ 凝点观察

➢ 凝点范围确定

➢ 凝点确定

➢ 温度计读数

任务二　凝固点降低法测定萘的摩尔质量

任务目标 ···> ···> ···>

1. 会安装凝固点测定装置
2. 会使用贝克曼温度计
3. 能准确测定样品凝固点
4. 会用凝固点降低法测定萘的摩尔质量

任务描述 ···> ···> ···>

物质的凝固点是指液体在冷却过程中由液态转变为固态时的相变温度。

凝固点是由物质结构决定的，不同的物质具有不同的凝固点。纯物质都有固定的凝固点，若含有杂质，凝固点就会降低。

凝固点测定的一个重要应用是利用凝固点降低法确定物质的摩尔质量。

测定时，将液态物质在常压下降温，开始时液体温度逐渐下降，当达到一定温度时有结晶析出或凝固，此时试样温度保持一段时间或温度回升并保持一段时间，这时的温度即为试样的凝固点，然后温度继续下降。

同一物质的纯液体及其溶液的凝固点之间存在一定的温度差，这种现象称为凝固点下降。在稀溶液中，溶液的凝固点降低值与溶质的质量摩尔浓度成正比，根据溶液的凝固点降低值，可算出溶质的摩尔质量。

本任务通过精确测定环己烷和萘溶液之间的凝固点降低值，进而计算得到溶质萘（$C_{10}H_8$）的摩尔质量。

仪器与试剂准备 ···> ···> ···>

凝固点测定装置见图 8-12，凝固点降低法测定萘的摩尔质量所需仪器与试剂的种类和规格见表 8-3。

表 8-3　仪器与试剂的种类和规格

项目	序号	名称	规格
仪器	1	凝固点测定装置	
	2	贝克曼温度计	

项目	序号	名称	规格
仪器	3	普通温度计	0～50℃，分度值1℃
	4	烧杯	500mL
	5	分析天平	感量 0.1mg
	6	放大镜	
试剂	7	碎冰	
	8	环己烷	分析纯
试样	9	萘	分析纯

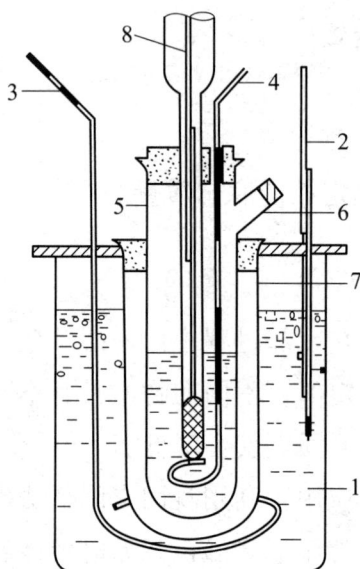

图 8-12　凝固点测定装置

1—冰浴槽；2—温度计；3,4—搅拌器；5—冷冻管；6—加样口；7—外管套；8—贝克曼温度计

任务实施

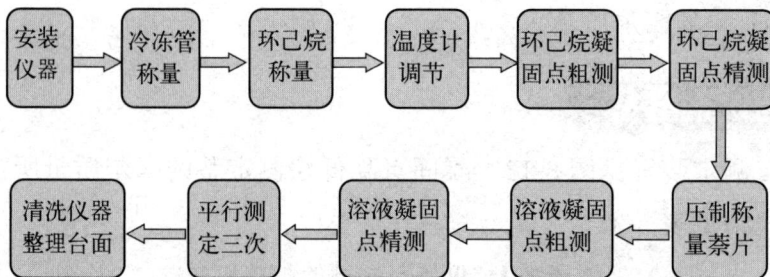

操作指南

安装仪器 → 冷冻管称量 → 环己烷称量 → 温度计调节 → 环己烷凝固点粗测 → 环己烷凝固点精测

压制称量萘片 → 溶液凝固点粗测 → 溶液凝固点精测 → 平行测定三次 → 清洗仪器整理台面

一、测定前准备

（1）按图 8-12 安装实验装置，取自来水注入冰浴槽中，加入碎冰，使槽内温度在 3～3.5℃。

（2）在天平上准确称取冷冻管质量（带烧杯和橡皮塞），然后在干燥的冷冻管中加入环己烷 20mL 左右，再次称量冷冻管的质量，计算出环己烷的质量 m。

> **注意事项**
>
> 为了防止溶剂大量挥发，称量时应将冷冻管口用橡皮塞塞住。测量时用另一个打孔的橡皮塞。这个橡皮塞上的两个孔不能太大，应正好卡住温度计和搅拌器，否则由于溶剂挥发将会导致实验误差增大。

（3）在冷冻管中插入温度计和搅拌器，使水银球至冷冻管底的距离约为 15mm，勿使测量温度计接触管壁，见图 8-13。

二、温度计调节

调节贝克曼温度计，使环己烷的凝固点（6.5℃）位于贝克曼温度计的 4℃ 附近。在烧杯中加入冰块和水，当温度降至 0℃ 左右时，开始下一步操作。

三、测定环己烷凝固点

（1）粗测。将冷冻管直接浸入冰水浴中，快速搅拌，当液体温度下降几乎停止时，取出冷冻管，用吸水纸将管壁上的水擦干，然后放入外套管内继续搅拌，记下最后稳定的温度值，即为近似凝固点。

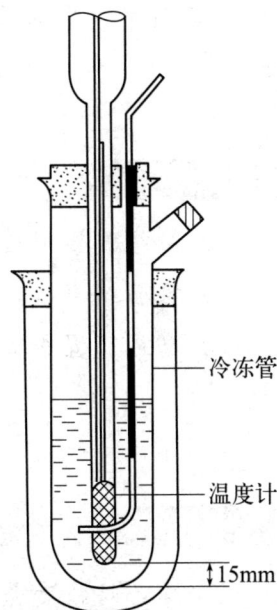

图 8-13　温度计位置

（2）精确测定。取出冷冻管，用手握住管壁加热并不断搅拌，使结晶完全熔化。然后将冷冻管在冰水浴中略浸片刻后取出擦干，立即放入外套管内快速搅拌。当温度下降至凝固点以上 0.5℃ 时停止搅拌，液温继续下降。过冷到凝固点以下 0.5℃ 时迅速搅拌，不久结晶出现，立即停止搅拌，这时温度突然上升，到最高点后保持恒定，用放大镜读取最高温度，准确至 0.001℃，这个温度就是环己烷的凝固点（T_A）。

（3）取出冷冻管用手握住，使结晶熔化。再重复测定两次。三次测定凝固点偏差不超过±0.005℃。

四、测定溶液凝固点

（1）用压片机制成 0.3g 的萘一片，精确称量质量至 0.001g。

（2）取出冷冻管用手温热，并将萘片从加样口投入冷冻管中，边搅拌边加热，使萘片完全溶解。先测定溶液的近似凝固点，再准确测定凝固点。

（3）重复测定两次，各次测定的偏差不应超过±0.005℃。

小知识

凝固点降低法测定的是物质的表观摩尔质量。当溶质在溶液中有电离、缔合、溶剂化和生成络合物等情况时，溶质在溶液中的表观摩尔质量将受到影响。

注意事项

（1）测定过程中过冷不得超过 0.2℃。

（2）实验结束后，试液须倒入回收瓶，严禁倒入下水道。

（3）高温高湿季节不宜做此实验，因为水蒸气易进入体系中，造成测定结果偏低。

安全防范

（1）环己烷极度易燃，应远离火种和热源；一旦燃烧用水灭火无效，应使用泡沫、二氧化碳、干粉灭火剂或砂土灭火。

（2）萘是一种常用的杀虫剂，遇明火、高热可燃，燃烧时放出有毒的刺激性烟雾，使用时应远离火种和热源。

记录与处理测定数据

测定数据及处理结果记录于表 8-4 中。

表 8-4 数据记录与处理

样品名称		测定项目		测定方法	
温度		测定时间		合作人	
冷冻管质量/g					
冷冻管加环己烷质量/g					
环己烷质量 m_A/g					
萘质量 m_B/g					
环己烷凝固点 T_A/℃		I	II	III	平均值
萘溶液的凝固点 T_B/℃		I	II	III	平均值
萘的摩尔质量 M_B/(g/mol)					
计算公式					
文献值(或参考值)					

💡 **想一想**

如何根据溶液凝固点降低值计算萘的摩尔质量?

在稀溶液中,溶液的凝固点降低值 ΔT_f

$$\Delta T_f = K_f \frac{m_B \times 1000}{M_B m_A} \tag{8-1}$$

$$\Delta T_f = T_A - T_B \tag{8-2}$$

整理得

$$M_B = K_f \frac{m_B \times 1000}{\Delta T_f m_A} \tag{8-3}$$

式中　T_A——环己烷凝固点,℃;

　　　T_B——萘溶液凝固点,℃;

　　　m_A——环己烷质量,g;

　　　m_B——萘质量,g;

　　　K_f——溶剂(环己烷)的凝固点降低系数,$K_f = 20 K \cdot kg/mol$;

　　　M_B——萘的摩尔质量,g/mol。

常见溶剂的凝固点降低系数见表 8-5。

表 8-5 常见溶剂的凝固点降低系数

溶剂	熔点/℃	K_f /(K·kg/mol)	溶剂	熔点/℃	K_f /(K·kg/mol)
水	0.0	1.853	1,2-二溴乙烷	9.79	12.5
苯	5.533	5.12	溴仿	8.05	14.4

溶剂	熔点/℃	K_f /(K·kg/mol)	溶剂	熔点/℃	K_f /(K·kg/mol)
乙酸	11.66	3.90	苯酚	40.90	7.40
硝基苯	5.76	6.852	萘	80.29	6.94
环己烷	6.54	20.0	樟脑	178.75	37.7

任务考核评价

考核内容	序号	考核标准	分值	得分
测定准备	1	仪器安装正确	5	
	2	冷冻管称量正确(带烧杯和橡皮塞)	5	
	3	环己烷称量正确	5	
	4	萘称量正确	5	
	5	温度计位置正确,水银球至管底距离15mm	5	
温度计调节	6	温度计调节正确	5	
测定步骤	7	环己烷凝固点观察正确	5	
	8	环己烷凝固点重复测定操作正确,晶体完全熔化	5	
	9	萘凝固点观察正确	5	
	10	萘凝固点重复测定操作正确,晶体完全熔化	5	
	11	读数正确	5	
	12	样品平行测定三次	5	
测后工作及团队协作	13	仪器清洗、归位正确	2	
	14	药品、仪器摆放整齐	2	
	15	实验台面整洁	1	
	16	分工明确,各尽其职	5	
数据处理	17	及时记录数据,记录规范、无随意涂改	5	
	18	结果计算正确	5	
	19	各次测定凝固点偏差不超过±0.005℃	20	
考核结果				

知识拓展

一、凝固点的确定方法

（1）冷却曲线法　当试样被冷却，温度下降至高于凝固点温度3℃时，开始搅拌，并启动秒表，记录时间和温度。以测定过程中记录的温度为纵坐标，时间为横坐标，绘制冷却曲线，曲线中的水平段所示的温度为试样的凝固点。

（2）观察法　在测定过程中可以不做温度和时间的记录，直接观察到温度最大值所保持的恒定阶段为试样的凝固点。

二、贝克曼温度计的使用

贝克曼温度计是一种精确测量温度差值的水银温度计。其构造如图8-14所示。

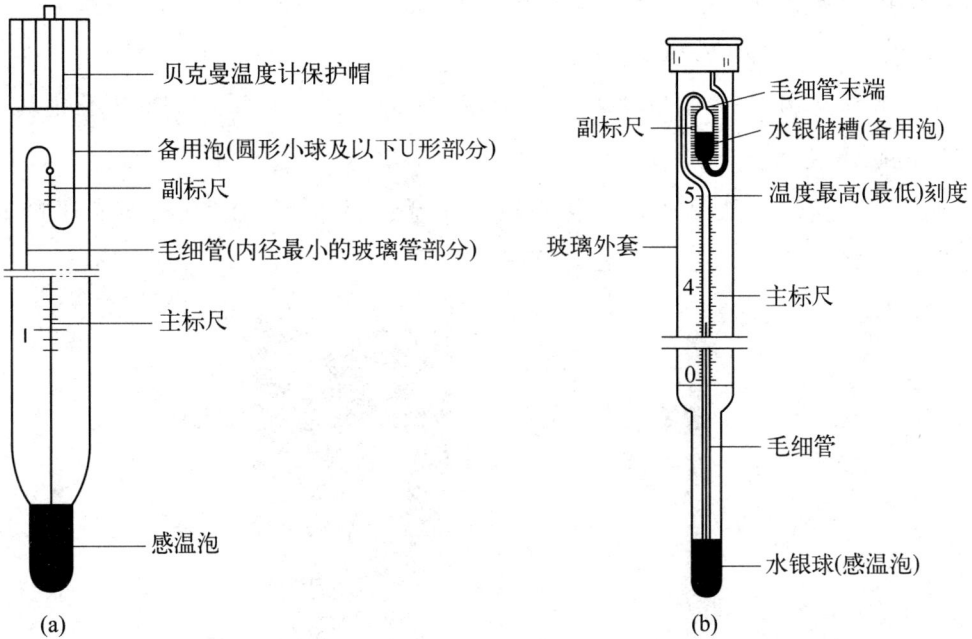

图 8-14　贝克曼温度计结构

贝克曼温度计有两个储液泡：感温泡和与之相通的接在毛细管上端构成回纹状的备用泡。感温泡是温度计的感温部分，其水银量在不同温度间隔内能做增或减的调整；备用泡用来储存或补充感温泡内多余或不足的水银。

温度计有两个刻度尺：主标尺和备用泡处的副标尺。主标尺用来测量温差，其示值范围有0～5℃或0～6℃，分度值为0.01℃；副标尺表示温度计测量温差的范围，在调整主刻度尺的温度间隔时，以此作为参考，其测量范围为－20～120℃，分度值为2℃。

贝克曼温度计的刻度有两种标法：一种是最小读数刻在刻度尺上端，最大读数刻在刻度尺下端，用来测量温度下降值，称为下降式贝克曼温度计；另一种正好相反，最大读数刻在刻度尺上端，最小读数刻在刻度尺下端，称为上升式贝克曼温度计。使用时应根据测定要求选择使用。

1. 贝克曼温度计的特点

（1）水银量可调节　贝克曼温度计水银球的水银量可以借助顶部水银球储槽调节。

（2）测量温差　由于水银柱中的水银量是可变的，刻度尺只有0～5℃（或0～6℃），读出的不是温度的绝对读数，而是在5～6℃范围内的温度差值。

（3）测量精度高　贝克曼温度计刻度尺的最小分度值为0.01℃，用放大镜读数时可估计至0.002℃；现在还有更灵敏的贝克曼温度计，刻度尺总共为1℃或2℃，最小的刻度为0.002℃。

（4）测量范围广　可用于测量介质温度在-20～155℃范围内不超过5℃（或6℃）的温度差。

贝克曼温度计（见图8-15）特别适合用于量热测定、溶液凝固点下降和沸点上升温差测定以及其他微小温差的测定。

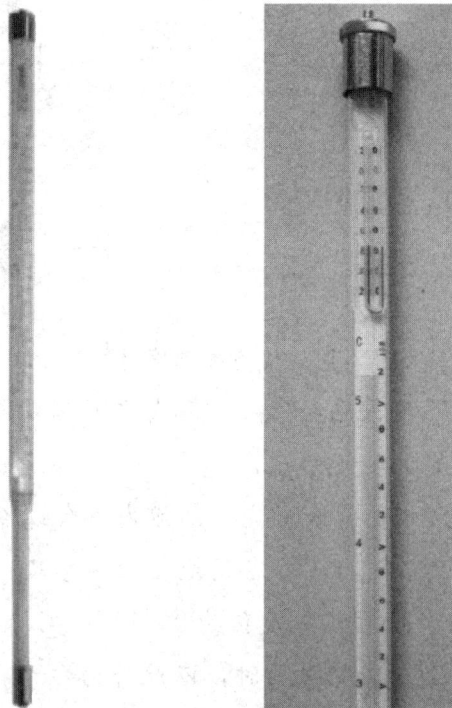

图8-15　贝克曼温度计

2. 使用方法

使用贝克曼温度计时，需要根据被测介质的温度及温度变化，调整温度计水银球中的水银量。

例如，以电热法测定比热容时，所用蒸馏水的温度为室温，且实验过程中温度升高 1℃ 左右，即温度变化的下限为室温，应调节水银量，使室温时的温度示值为 1℃ 左右。又如以凝固点下降测溶质摩尔质量时，溶剂环己烷凝固点是 6.5℃，这是温度变化的上限，溶液凝固点下降 2～3℃，则应调节水银量，使温度为 6.5℃ 时，温度计示值为 4℃ 左右。

　　将贝克曼温度计插入与待测体系温度相同的水中，达到热平衡后，如果毛细管内水银面在所要求的合适刻度附近，说明水银球中的水银量合适，不必进行调节。否则，就应当调节水银球中的水银量。操作方法如下。

　　（1）以上限温度调节

　　① 若水银球内水银过多，毛细管水银量超过毛细管口，就应当左手握贝克曼温度计中部，将温度计倒置，右手轻击左手手腕，使水银储管内水银与毛细管末端处水银相连，再将温度计轻轻倒转放置放在比上限温度低 2～3℃ 的水浴中，平衡后用左手握住温度计的顶部，迅速取出，离开水面和试验台，立即用右手轻击左手手腕，使水银球储管内水银在毛细管口处断开。操作时应特别小心，远离操作台和其他器具，以免碰坏温度计。

　　② 若球内水银量过少，左手握住温度计中部，将温度计倒置，右手轻击左手腕，水银就会在毛细管中向下流动，待水银储管内水银与毛细管口处水银相接后，再按上述方法调节。调节后，将贝克曼温度计放在比上限温度高 2～3℃ 的水浴中，观察温度计水银柱是否在所要求的位置，如相差太大，再重新调节。

　　（2）以下限温度调节

　　① 若球内水银过多，加热水银球，使水银从毛细管口处冒出适当的量，置于下限温度检查即可。

　　② 若球内水银过少，应将水银球加热使毛细管中的汞与储槽中的汞相连，然后将水银球置于比要求的下限温度高 6～7℃ 的水浴中，待温度稳定后，垂直倒置，拍断毛细管口处水银，再检查水银柱位置是否合适。

　　在贝克曼温度计上端，汞储槽旁边有一辅助标尺，当水银储槽中全部的汞与水银球内的汞相连时，水银储槽中的汞面所处刻度粗略地表示当水银在毛细管口断开后，水银柱处于 0 刻度时水银球的温度。在调节水银量时，可用辅助标尺作参考。

（1）调节水银量拍断水银时，温度计必须垂直，拍持温度计的手背，不得直接拍温度计。

（2）加热时，必须用水或其他液体，也可用手，切不可骤冷、骤热或不均匀加热。

（3）调节好的温度计，应处于被测温度计下，防止因温度过高，水银从毛细管口冒出。放置时应保持直立，不得倒置或横躺，以防水银倒流从毛细管口冒出。

任务总结

知识点

➢ 凝固点概念、测定意义
➢ 凝固点降低法测定溶质摩尔质量的原理
➢ 凝固点降低法测定溶质摩尔质量的方法
➢ 溶质摩尔质量的计算方法

技能点

➢ 安装测定装置
➢ 温度计调节
➢ 凝固点粗测
➢ 凝固点精测
➢ 凝固点观察
➢ 温度计读数
➢ 溶质摩尔质量计算

能力测试

一、填空题

1. 物质的凝固点是指液体在_____过程中由_____转变为_____时的_____温度。

2. 凝固点是由_____决定的，不同的物质具有不同的凝固点。纯物质都有_____凝固点，若含有杂质，凝固点就会_____。

3. 凝固点测定的一个重要应用是利用_____确定物质的_____。

4. 凝固点降低法测定萘的摩尔质量，在天平上准确称取冷冻管质量时，应带_____和_____。

5. 石油产品的凝固点，通常称为石油产品的_____，是指在规定的试验条件下，将装有试样的试管冷却并_____，经过_____后，_____时的温度。

二、简答题

1. 测定装置为什么要使用外套管？

2. 为什么测定纯溶剂的凝固点时，过冷程度大一些对测定结果影响不大，而测定溶液凝固点时，却必须尽量减小过冷程度？

项目九
测定结晶点

结晶点是物质的重要物理常数之一。纯物质有固定不变的结晶点，如有杂质则结晶点会降低。因此通过测定结晶点可判断物质的纯度。结晶点也是评定航空汽油和喷气燃料低温性能的质量指标。

GB/T 618—2006《化学试剂结晶点测定通用方法》中规定了化学试剂结晶点测定的通用方法。测定结晶点常用的方法有双套管法、茹科夫瓶法和结晶点测定仪法等。

任务　双套管法测定苯酚结晶点

看一看

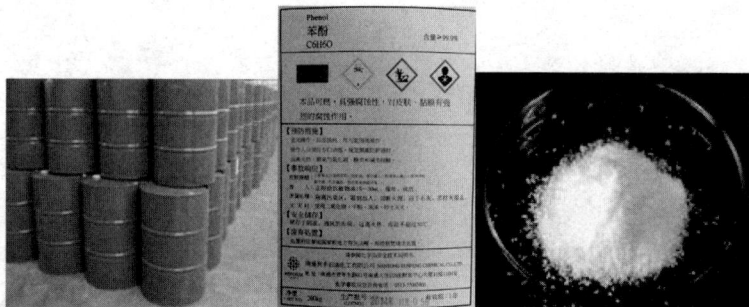

苯酚

苯酚（C_6H_6O）又名石炭酸，是一种具有特殊气味的无色针状晶体，有毒。苯酚是一种常见的化学品，是重要的有机化工产品，也是一种重要的化工原料。苯酚是生产某些树脂、杀菌剂、防腐剂以及药物（如阿司匹林）的重要原料。苯酚主要用于生产酚醛树脂、己内酰胺、双酚A、己二酸、苯胺、烷基酚、水杨酸等，其中生产酚醛树脂是其最大用途，占苯酚产量一半以上。此外还可用作溶剂、试剂和消毒剂等，苯酚的稀水溶液可直接用作防腐剂和消毒剂；也可用于消毒外科器材和排泄物的处理，皮肤杀菌和止痒。苯酚也是很多医药（如水杨酸、阿司匹林及磺胺药等）、合成香料、染料（如分散红3B）的原料。总之，苯酚在化工原料、烷基酚、合成纤维、塑料、合成橡胶、医药、农药、香料、染料、涂料和炼油等工业中有广泛的应用。

结晶点是苯酚产品质量中很重要的一个检测指标，特别是用于评定航空汽油和喷气燃料低温性能。测定结晶点，是产品检验的一项重要内容。

想一想

结晶点是怎么测定的呢？

任务目标

1. 会正确安装结晶点测定装置
2. 能正确选择冷却液
3. 能正确测定苯酚结晶点
4. 会进行结晶点校正的计算

任务描述

物质的结晶点是指液体在冷却过程中由液态转变为固态时的相变温度。纯物质有固定不变的结晶点，如有杂质则结晶点会降低。因此通过测定结晶点可判断物质的纯度。

测定时，冷却液态样品，当液体中有结晶（固体）生成时，体系中固体、液体共存，两相成平衡，温度保持不变。在规定的实验条件下，观察液态样品在结晶过程中温度的变化，就可测出其结晶点。

测定结晶点常用的方法有双套管法、茹科夫瓶法和结晶点测定仪法等。双套管法测定结晶点是最常用的基本方法，适用于结晶点在$-7\sim70℃$范围内的有机试剂的测定。

仪器与试剂准备 ⸱⸱⸱⸱⸱⸱⸱⸱⸱⸱⸱

双套管法测定结晶点所用仪器与试剂见表 9-1。

表 9-1　双套管法测定结晶点所用仪器与试剂清单

项　目	名　称	规　格
仪器	一般实验仪器	
	结晶管	外径约 25mm,长约 150mm
	套管	内径约 28mm,长约 120mm,壁厚 2mm
	冷却浴	容积约 500mL 的烧杯,盛有合适的冷却液(水、冰或冰盐水),并带普通温度计
	温度计	分度值为 0.1℃、1℃各一支
	搅拌器	用玻璃或不锈钢烧成直径约为 20mm 的环
	热浴	容积合适的烧杯,放在电炉上,用调压器控温,并带普通温度计
试剂	氯化钠	工业产品或化学试剂
试样	苯酚	工业产品或化学试剂

常用的双套管法测定结晶点装置,见图 9-1。

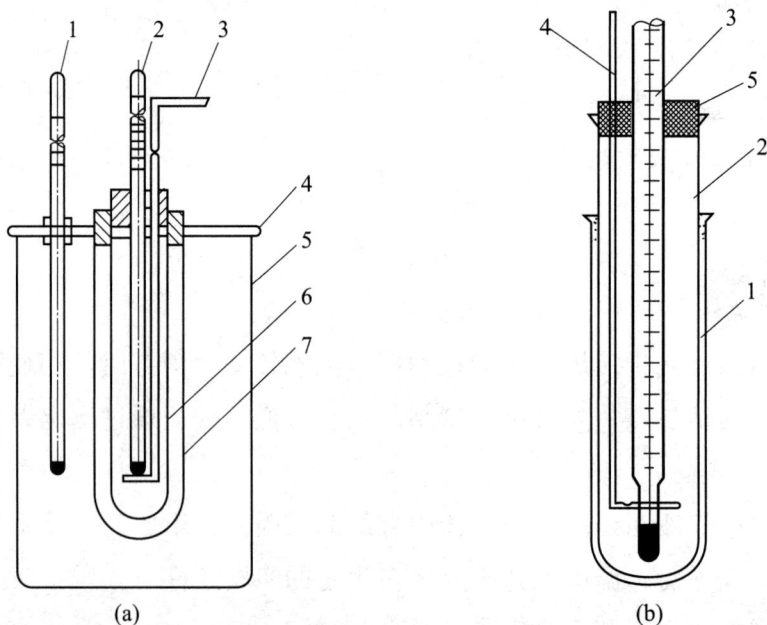

(a)　　　　　　　　　　　　　　　　(b)

1—温度计；2—测量温度计；3—搅拌器；　　1—套管；2—结晶管；3—测量温度计；
4—盖板；5—烧杯；6—结晶管；7—套管　　　　4—搅拌器；5—胶塞

图 9-1　结晶点测定装置

操作指南

配塞打孔 → 加入样品 → 选择冷浴 → 选择温度计 → 安装仪器

控制冷却速率，粗测 ← 控制冷却速率，精测 ← 记录数据 ← 平行测定两次 ← 清洗仪器整理台面

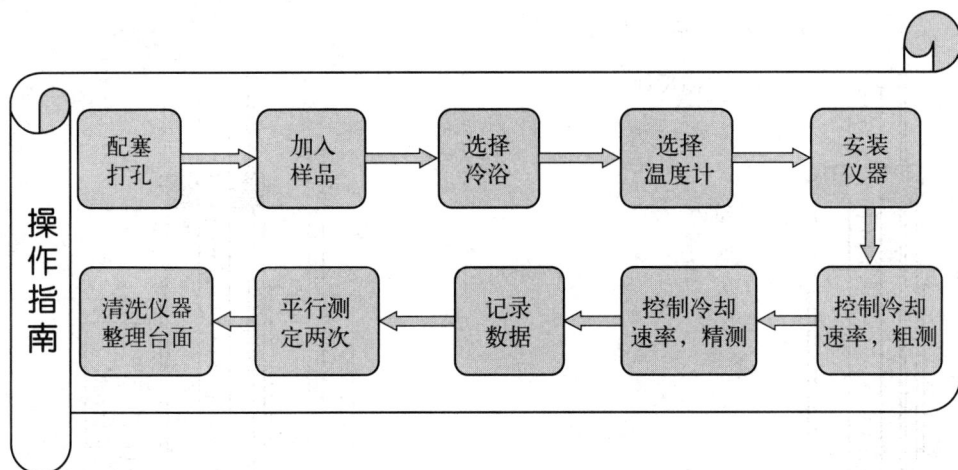

一、测定前准备

1. 配塞打孔

（1）在结晶管口上配一胶塞（或软木塞），在胶塞（或软木塞）中间打一个孔，将温度计插入孔中，在插温度计的孔旁再打一个小孔，将搅拌器杆穿入小孔中，并使其可上下自由活动。

（2）在套管口上配一软木塞，软木塞中间打一与结晶管相配的孔，将结晶管插入孔中，并使两管中心线重合。

2. 装样

加样品于干燥的结晶管中，使样品在管中的高度约为 60mm（固体样品应适当大于 60mm）。样品若为固体，应在温度超过其熔点的热浴内将其熔化，并加热至高于结晶点约 10℃。

➤] **注意事项**

（1）测定用的结晶管内壁要清洁、干燥，否则测出的结晶点会偏低。

（2）装入的试样量不能过多，否则结果偏高。

3. 安装双套管法测定结晶点装置

（1）插入搅拌器，装好测量温度计，使水银球至结晶管底的距离约为

15mm，勿使测量温度计接触管壁。装好套管，套管底部与结晶管底部的距离约为 2mm，见图 9-2。

（2）按图 9-3 安装结晶点测定装置。

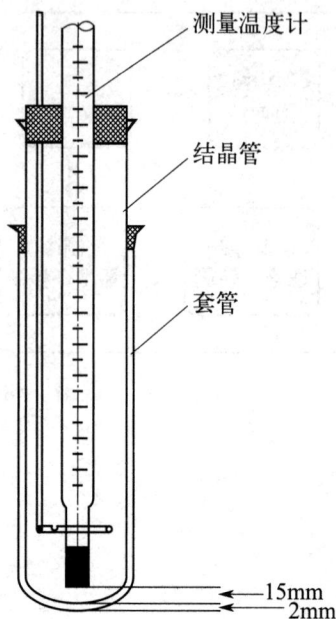

图 9-2　结晶管位置

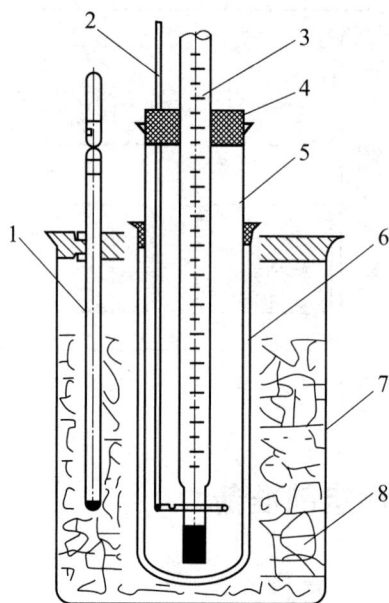

图 9-3　结晶点测定装置

1—温度计；2—搅拌棒；3—测量温度计；4—胶塞；

5—结晶管；6—套管；7—烧杯；8—碎冰

4. 加入冷浴

在烧杯中加入水，并在冷浴中装好碎冰（或制冷设备调节温度在 0℃），使结晶管中试样完全浸没在液面以下。

小知识

冷却浴是一种通过调配液态混合物的冷冻剂提供和维持低温环境的实验技术，冷却浴所能提供的温度范围通常为 −196～13℃。它常用于需要在低于室温下进行的反应和实验处理步骤，通常这些反应和处理操作是放热的或是会涉及热不稳定的中间体或产物。冷却浴所用的冷却剂包括干冰、液氮和碎冰块。

想一想

如何选择冷却液？

（1）冰盐冷却浴　常压下冰水混合物的温度为0℃，盐的浓溶液与碎冰搅拌混合得到的由冰和盐水构成的冷却浴能产生并维持低于0℃的温度效果。改变盐溶液的浓度能调节冷却浴能维持的稳态温度，不同种类的盐能实现的冷却浴最低温度也各不相同，实践中能得到并维持的温度范围通常在−51～0℃之间（详见表9-2）。

表9-2　不同浓度盐溶液的冰水混合物温度

序号	盐	盐溶液/(g 无水盐/100g 水)	温度/℃	序号	盐	盐溶液/(g 无水盐/100g 水)	温度/℃
1	NaCl	6.11	−3.48	16	KCl	22.69	−9.84
2	NaCl	8.93	−5.17	17	KCl	23.80	−10.34
3	NaCl	10.77	−6.32	18	KCl	24.60	−10.66
4	NaCl	14.20	−8.52	19	NH₄Cl	9.28	−5.73
5	NaCl	15.46	−9.41	20	NH₄Cl	12.27	−7.63
6	NaCl	17.87	−11.04	21	NH₄Cl	12.56	−7.80
7	NaCl	22.25	−14.33	22	NH₄Cl	13.76	−8.60
8	NaCl	22.99	−14.77	23	NH₄Cl	16.89	−10.58
9	NaCl	24.75	−16.21	24	NH₄Cl	18.80	−11.80
10	NaCl	27.70	−18.73	25	NH₄Cl	19.94	−12.44
11	NaCl	29.70	−20.56	26	NH₄Cl	19.93	−12.60
12	NaCl	30.4	−21.12	27	NH₄Cl	22.40	−14.03
13	KCl	7.09	−3.07	28	NH₄Cl	24.13	−15.10
14	KCl	10.77	−4.66	29	NH₄Cl	24.50	−15.36
15	KCl	17.38	−7.51				

（2）干冰溶剂冷却浴　干冰即固体的二氧化碳，有粒状和棒状的商品可供购买，它与多种溶剂都能形成有良好冷却效果的混合物（详见表9-3）。

表9-3　基于干冰的冷却液

序号	溶剂	温度/℃	序号	溶剂	温度/℃
1	乙二醇	−12	6	异丙醚	−60
2	四氯化碳	−23	7	氯仿	−61
3	3-庚酮	−38	8	乙醇	−78
4	工业级乙腈	−46	9	丙酮	−78
5	分析纯乙腈	−42			

干冰溶剂冷却浴的配制和维持方法简单可靠，一般是将粒状的干冰一颗颗地小心加入所需溶剂中直至有包覆着冻结溶剂的干冰块出现为止，此时冷却浴温度已至所能达到的稳态温度，之后只需每间隔一定时间补充块状干冰并加以搅动就能保持温度；且干冰溶剂浴的温度重现性较好，稳态温度的变化能控制在±1℃的幅度内。

干冰溶剂冷却浴是国家标准规定的冷却液。

（3）液氮雪泥浴　通过把液氮小心地加到不断搅拌的某种有机溶剂中来调配

呈冰激凌状的液氮雪泥浴，同时用玻璃棒搅拌能避免液氮雪泥浴局部固化。液氮雪泥浴能实现的温度范围是从−196～13℃（详见表9-4）。

表9-4　液氮雪泥浴

序号	溶剂	温度/℃	序号	溶剂	温度/℃	序号	溶剂	温度/℃
1	对二甲苯	13±1	30	乙酸苄酯	−52	59	甲苯	−95
2	1,4-二氧六环	12	31	正辛烷	−56	60	异丙苯	−97
3	环己烷	6	32	氯仿	−63	61	甲醇	−98
4	苯	5	33	碘甲烷	−66	62	乙酸甲酯	−98
5	甲酰胺	2	34	叔丁基胺	−68	63	乙酸异丁酯	−99
6	苯胺	−6	35	三氯乙烯	−73	64	戊基溴	−99
7	乙二醇	−10	36	乙酸异丙酯	−73	65	丁醛	−99
8	环庚烷	−12	37	2-甲基异丙基苯	−74	66	丙基碘	−101
9	苯甲酸甲酯	−12	38	4-甲基异丙基苯	−73	67	丁基碘	−103
10	苯甲腈	−13	39	乙酸丁酯	−77	68	环己烷	−104
11	苯甲醇	−15	40	醋酸异戊酯	−79	69	叔丁基胺	−105
12	炔丙醇	−17	41	丙烯腈	−82	70	异辛烷	−107
13	邻二氯苯	−18	42	正己基氯	−83	71	1-硝基丙烷	−108
14	四氯乙烷	−22	43	丙胺	−83	72	碘乙烷	−109
15	四氯化碳	−23	44	乙酸乙酯	−84	73	丙基溴	−110
16	间二氯苯	−25	45	正己基溴	−85	74	二硫化碳	−110
17	硝基乙烷	−29	46	甲基乙基酮	−86	75	丁基溴	−112
18	邻二甲苯	−29	47	丙烯醛	−88	76	乙醇	−116
19	溴苯	−30	48	戊基溴	−88	77	异戊醇	−117
20	碘苯	−31	49	正丁醇	−89	78	溴乙烷	−119
21	间甲基苯胺	−32	50	叔丁醇	−89	79	氯丙烷	−123
22	噻吩	−38	51	异丙醇	−89	80	丁基氯	−123
23	乙腈	−41	52	硝基乙烷	−90	81	乙醛	−124
24	吡啶	−42	53	庚烷	−91	82	甲基环己烷	−126
25	溴化苄	−43	54	醋酸正丙酯	−92	83	正丙醇	−127
26	环己基溴	−44	55	2-硝基丙烷	−93	84	正戊烷	−131
27	氯苯	−45	56	环戊烷	−93	85	1,5-己二烯	−141
28	间二甲苯	−47	57	乙苯	−94	86	异戊烷	−160
29	正丁基胺	−50	58	己烷	−94			

✈ **安全防范**

（1）在使用碎冰、干冰或液氮时，应特别注意安全，严防被冻伤。若被冻伤，严重的应立即送往医院。

（2）测定工作结束后，一定要妥善处理和回收冷却液。温度计也要等恢复室温后，方才清洗，否则温度计极易破裂。

二、粗测

将结晶管连同套管一起置于温度低于样品结晶点 5～7℃ 的冷却浴中，见图 9-3 结晶点测定装置，搅拌冷却（上下移动搅拌棒），至出现结晶时，停止搅拌，读取此温度，即为样品的粗测结晶点。

> **小知识**
>
> 如果某些样品在一般冷却条件下不易结晶，可另取少量样品，在较低温度下使之结晶，取少许作为晶种加入样品中，即可测出其结晶点。

三、精确测定

（1）另取一支结晶管，按上述方法装好试样、安装好结晶管及套管，见图 9-3，将辅助温度计附于内标式温度计上，使其水银球位于内标式温度计水银柱外露段的中部，见图 9-4。

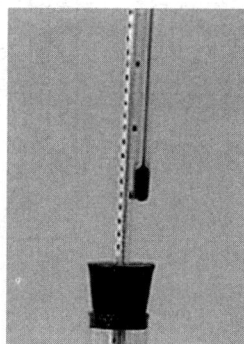

图 9-4　辅助温度计位置

（2）将结晶管连同套管一起置于温度低于样品结晶点 5～7℃ 的冷却浴中，当样品冷却至低于结晶点 3～5℃ 时开始搅拌并观察温度。出现结晶时，停止搅拌，这时温度突然上升，至最高温度后停留一段时间不变，读取此温度，准确至 0.1℃，并进行温度计刻度误差校正，所得温度即为样品的结晶点，参见图 9-5。

> **小知识**
>
> 精测时也可如下操作：将粗测后结晶管内容物加热至温度比预测结晶点高约 5℃，使试样融化，但在管壁上应保留少许结晶作为晶种。控制冷浴温度比预测结晶点低 5～10℃，缓慢搅拌试样（10～15 次/min），待温度逐渐下降到比预测结晶点低 0.5℃ 时，将管壁上的晶种用搅拌器擦下，用放大镜仔细观察温度变化，此时，温度开始回升，当温度达到最高点并停留 1min 以上时，该最高点温度即为结晶点，读取此温度（读至 0.01℃），同时记下精密温度计水银柱外露部分中段附近的温度，经校正后，所得温度即为样品的结晶点。

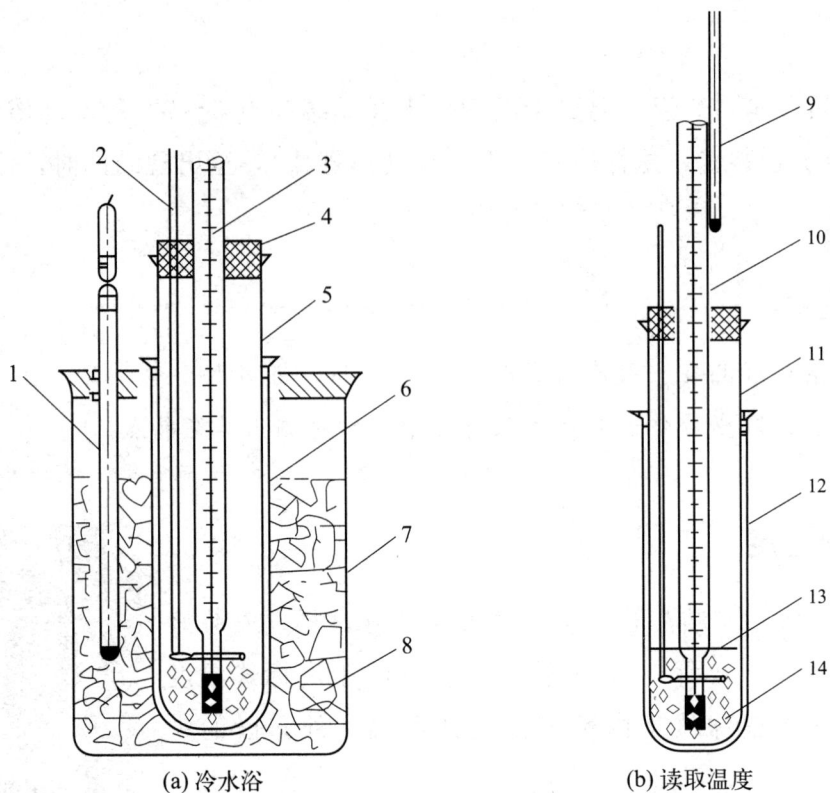

(a)冷水浴　　　　　　　　　　(b)读取温度

图 9-5　结晶点测定

1—温度计；2—搅拌棒；3，10—测量温度计；4—胶塞；5，11—结晶管；6，12—套管；

7—烧杯；8—碎冰；9—辅助温度计；13—被测物液面；14—结晶

注意事项

（1）本方法规定用烧杯作冷却浴和热浴，未采用国家标准规定的杜瓦瓶和热浴器。

（2）本方法规定的冷却液为水、冰水和冰盐水，未采用国家标准规定的干冰-丙酮，也未采用国际标准规定的硅油或其他合适的介质作为传热液体。

（3）如果结晶出现后无温度回升或温度回升超过 $1\sim2$℃，则此次试验作废，应重新测定。

（4）本方法规定冷却样品时不搅拌，待温度降低至结晶点以下 $3\sim5$℃时，再进行搅拌。

记录与处理测定数据

测定数据及处理结果记录于表 9-5 中。

表 9-5　数据记录与处理

样品名称		测定项目		测定方法	
测定时间		环境温度		合作人	
测定次数		I		II	
观测值 t_1/℃					
温度计水银柱外露段高度 h（用℃表示）					
辅助温度计读数 t_2/℃					
温度计示值校正值 Δt_1/℃					
温度计水银柱外露段校正值 Δt_2/℃					
计算公式					
结晶点/℃					
结晶点平均值/℃					
相对平均偏差/％					
文献值（或参考值）					

　　结晶点测定值是通过温度计直接读取的，温度读数的准确与否，是影响结晶点测定准确度的关键因素。在测定结晶点时，为得到准确的测定结果，必须对结晶点测定值进行温度计示值校正和温度计水银柱外露段校正。校正方法与熔点测定相同。

　　观察所记的结晶点温度按式（9-1）进行校正。

$$t = t_1 + \Delta t_1 + \Delta t_2 \tag{9-1}$$

$$\Delta t_2 = 0.00016 \times (t_1 - t_2)h \tag{9-2}$$

式中　t——校正后试样的结晶点，℃；

　　　t_1——观察所得温度，由精密温度计读数，℃；

　　　Δt_1——温度计示值校正值，℃；

　　　Δt_2——温度计水银柱外露段校正值，℃；

0.00016——玻璃与水银膨胀系数的差值；

　　　t_2——水银柱外露段的平均温度，由辅助温度计读出，℃；

　　　h——主温度计水银柱外露段的高度（用℃表示），℃。

任务考核评价

考核内容	序号	考核标准	分值	得分
测定准备	1	仪器选择正确（测量温度计和辅助温度计的量程、分度值）	5	
	2	冷浴选择正确	5	
	3	胶塞选择正确、胶塞孔径正确	5	
仪器安装	4	测量温度计、辅助温度计位置正确	5	
	5	结晶管、套管位置正确	5	

考核内容	序号	考核标准	分值	得分
测定步骤	6	装样正确,结晶管内样品高度 60mm	5	
	7	搅拌冷却速率正确,近结晶点时不超过 1℃/min	5	
	8	结晶点观测正确	5	
	9	再次测定操作正确	10	
	10	样品平行测定两次	5	
测后工作及团队协作	11	按与安装相反的顺序拆卸仪器	5	
	12	仪器清洗、归位	2	
	13	药品、仪器摆放整齐	2	
	14	实验台面整洁	1	
	15	分工明确,各尽其职	5	
数据处理及测定结果	16	及时记录数据,记录规范、无随意涂改	5	
	17	校正计算正确	5	
	18	相对平均偏差≤1.3%	20	
考核结果				

📖 知识拓展

一、苯酚质量指标、企业生产分析报告单或产品品级判断

1. 苯酚质量指标

见表 9-6。

表 9-6　合成苯酚质量指标（GB/T 339—2019）

项　　目	指　　标		
	优等品	一等品	合格品
苯酚,$w/\%$	≥99.95	≥99.85	≥99.75
总有机杂质(除甲酚类杂质)/(mg/kg)	≤150	报告	报告
甲酚类杂质/(mg/kg)	≤100	报告	报告
结晶点/℃	≥40.6	≥40.5	≥40.2
熔融色度(铂-钴色号)/Hazen 单位	≤20	—	—
水分/(mg/kg)	≤500	≤500	报告
蒸发残渣,$w/\%$	≤0.005	—	—
铁/(mg/kg)	≤0.5	—	—
灼烧残渣/(mg/kg)	≤10.0	—	—

2. 品级判断

见表 9-7。

表 9-7　苯酚品级判断

品名:苯酚	产品等级:一级品	产地:江苏南通
含量≥99.97%	包装规格:桶装	用途:酚醛树脂/制药

质量标准		
指标名称	参数	标准
纯度/%	99.97	ASTM D4052
色泽(Pt-Co)/Hazen 单位	7	ASTM D1209
水分/(mg/kg)	117	ASTM D1364
结晶点/℃	40.79	GB/T 3710—2009

品名:苯酚	级别:分析纯(AR)	产地:天津
含量≥99.8%	产品规格:500g	用途类别:标准品

质检项目	
蒸发残渣/%	≤0.02
焦性物质	合格
结晶点/℃	≥40.2
水溶解试验	合格
含量(C_6H_6O)/%	≥99.8
pH 值(50g/L,25℃)	4.5~6.0

二、DRT-2130B 型全自动结晶点测定仪

DRT-2130B 型全自动结晶点测定仪（图 9-6）是根据 GB/T 3145《苯结晶点测定法》、GB/T 3069.2《萘结晶点的测定方法》、GB/T 3710《工业酚、苯酚结晶点测定方法》、GB/T 7533《有机化工产品结晶点的测定方法》和 GB/T 618《化学试剂结晶点测定通用方法》设计制造的。

DRT-2130B 型全自动结晶点测定仪采用进口玻璃铂电阻测量，具有精度高、低噪声、运行可靠、维护量小、使用时间长的特点；仪器的运行程序采用高质量、最简洁的模块化程序设计，并与硬件有机地结合，记录结晶点、打印等全部工作自动完成，达到了一键出结果的操作方式，可靠性高，操作简便；仪器预设了 16 组测定参数，供检测不同试样时选用，便于检测操作。同时预设参数具有可修改性，来满足测定特殊试样的要求；仪器可自动存储 100 个检测结果，并可随时查看或打印检测结果，检测过程遵守标准规定，检测方法可靠，重复性好。

主要技术参数

(1) 温度范围　－10～150℃，精度±0.001℃。

(2) 温度传感器　德国进口 Pt100 玻璃探头，内置温度校正。

(3) 加热方式　电加热单元、最大功率1500W、可编程控制加热速率。

(4) 制冷方式　德国进口压缩机制冷。

(5) 显示　嵌入式7寸彩色触摸屏。

(6) 温度校正　自动校正、可编程校正。

(7) 数据存储　100个测试结果。

(8) 电源　AC220V、50Hz；最大功率2000W。

图9-6　DRT-2130B型全自动结晶点测定仪

任务总结

知识点

➤ 结晶点概念，测定意义
➤ 测定原理
➤ 结晶点的测定方法
➤ 冷却液选择
➤ 结晶点校正方法

技能点

➤ 仪器选择（温度计、胶塞）
➤ 冷却液选择
➤ 装样
➤ 测定温度控制
➤ 结晶点观测
➤ 结晶点校正

拓展任务　茹科夫瓶法测定萘结晶点

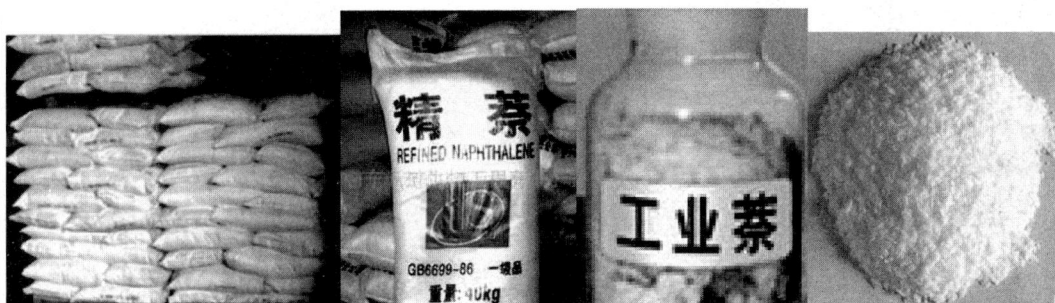

看一看

萘

萘是有机化学工业的重要原料，国内外市场上萘是供不应求的。萘广泛用于生产苯酐、苯酚、合成纤维、橡胶、树脂等。萘的产品有工业萘和精萘两种。工业萘为白色或微红、微黄色片状结晶，有特殊气味，易挥发、升华。工业萘是基本化工原料，主要用于生产减水剂、扩散剂、分散剂、苯酐、各种萘酚、萘胺等，是生产合成树脂、增塑剂、橡胶防老剂、表面活性剂、合成纤维、染料、涂料、农药、医药和香料等的原料。有升华特性，常见于家用去味剂、卫生球，纯品有剧毒，毒害神经。精萘是重要的有机化工基本原料，白色易挥发晶体，有温和芳香气味，不溶于水，溶于乙醇、醚、苯，易燃、低毒。

任务目标 ❖❖❖❖

1. 会正确安装结晶点测定装置
2. 能正确选择冷却液
3. 会用茹科夫瓶法测定萘结晶点
4. 会进行结晶点校正的计算

物质的结晶点是指液体在冷却过程中由液态转变为固态时的相变温度。纯物质有固定不变的结晶点，如有杂质则结晶点会降低。因此通过测定结晶点可判断物质的纯度。

测定时，加热固体样品，使其熔化成液态，再冷却此液态样品，当液体中有结晶（固体）生成时，体系中固体、液体共存，两相成平衡，温度保持不变。在规定的试验条件下，观察该固体样品在结晶过程中温度的变化，就可测出其结晶点。

茹科夫瓶法适用于比室温高10～150℃的物质的结晶点测定。

茹科夫瓶法测定结晶点所用仪器与试剂见表9-8。

表9-8　茹科夫瓶法测定结晶点所用仪器与试剂清单

项　目	名　称	规　格
仪器	茹科夫瓶	
	冷却浴	容积约500mL的烧杯,盛有合适的冷却液(水、冰水或冰盐水),并带普通温度计
	温度计	分度值为0.1℃
	搅拌器	用玻璃或不锈钢烧成直径约为20mm的环
	热浴	容积合适的烧杯,放在电炉上,用调压器控温,并带普通温度计
试剂	氯化钠	工业产品或化学试剂
试样	萘	工业产品或化学试剂

📚 小知识 ·····································

（1）茹科夫瓶是一个双壁玻璃试管，双壁间的空气抽出，以减少与周围介质的热交换。

（2）此瓶适用于比室温高10～150℃的物质的结晶点测定。

（3）如结晶点低于室温，可在茹科夫瓶外加一个ϕ120mm×160mm的冷却槽，内装制冷剂。

茹科夫瓶的构造见图9-7。茹科夫瓶法测定结晶点装置见图9-8。

图 9-7　茹科夫瓶

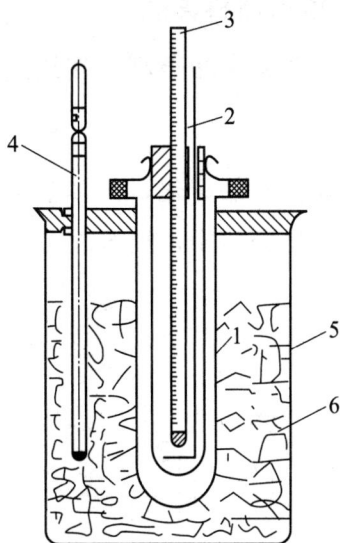

图 9-8　茹科夫瓶法测定结晶点装置

1—茹科夫瓶；2—搅拌器；3—测量温度计；
4—温度计；5—烧杯；6—碎冰

任务实施

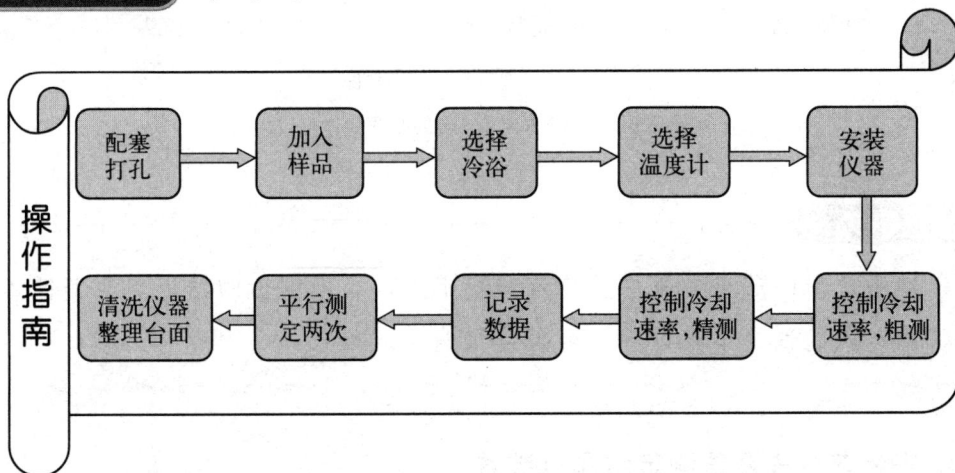

操作指南：配塞打孔 → 加入样品 → 选择冷浴 → 选择温度计 → 安装仪器 → 控制冷却速率，粗测 → 控制冷却速率，精测 → 记录数据 → 平行测定两次 → 清洗仪器整理台面

一、测定前准备

1. 配塞打孔

在茹科夫瓶口上配一软木塞，在软木塞中间打一个孔，将温度计插入孔中，在插温度计的孔旁再打一个小孔，将搅拌器杆穿入小孔中，并使其可上下自由活动。

2. 预热茹科夫瓶

加热茹科夫瓶至高于其结晶点约 10℃。

3. 装样

将固体样品熔化，并加热至高于其结晶点约 10℃，立即倒入预处理至同一温度的茹科夫瓶中，见图 9-9(a)。

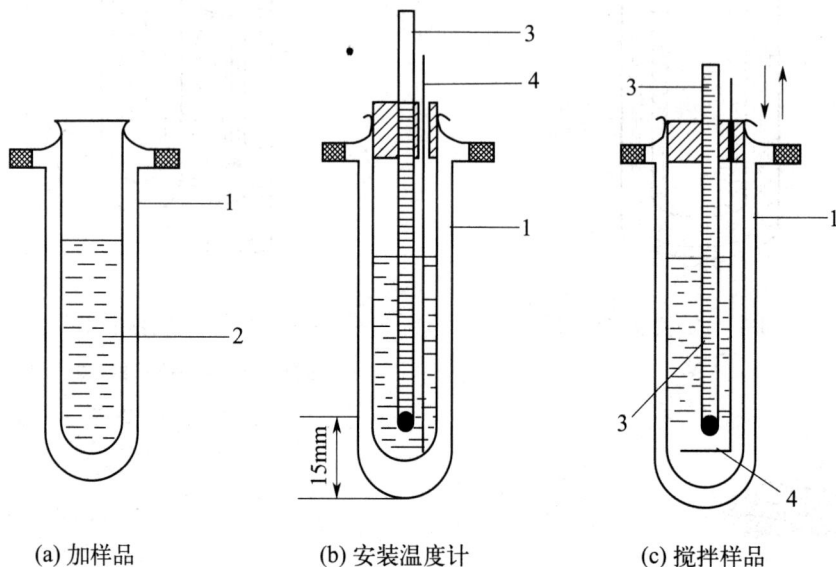

(a) 加样品   (b) 安装温度计   (c) 搅拌样品

图 9-9　茹科夫瓶操作

1—茹科夫瓶；2—样品；3—测量温度计；4—搅拌器

注意事项

（1）测定用的茹科夫瓶内壁要清洁、干燥，否则测出的结晶点会偏低。

（2）装入的试样不能过多，否则结果偏高。

4. 安装茹科夫瓶法测定结晶点装置

（1）安装茹科夫瓶　用带有温度计和搅拌器的软木塞塞紧瓶口，使测量温度计水银球至茹科夫瓶底的距离约为 15mm，见图 9-9(b)。

（2）安装茹科夫瓶法测定结晶点装置　按图 9-8 安装结晶点测定装置。

5. 加入冷浴

在烧杯中加入水，并在冷浴中装好碎冰（或制冷设备调节温度在 0℃），使茹科夫瓶中试样完全浸没在液面以下。

二、测定

按图 9-8 安装结晶点测定装置，以 60 次/min 以上的速率上下搅动，见图 9-9(c)。此时液体仍处于过冷状态，温度甚至还在下降。当样品液体开始不透明时，停止搅动，注意观察温度计，可看到温度上升，并且在一段时间内稳定在一定的温度，然后开始下降。读出此稳定的温度，即为结晶点。

📚 小知识

当测定温度在 0℃ 以上，可用冰水混合物作制冷剂；在 −20~0℃ 可用食盐和冰的混合物作制冷剂；在 −20℃ 以下可用酒精和干冰的混合物作制冷剂。

记录与处理测定数据 ╍╍▶ ╍╍▶ ╍▶

测定数据及处理结果记录于表 9-9 中。

表 9-9　数据记录与处理

样品名称		测定项目		测定方法	
测定时间		环境温度		合作人	
测定次数		I		II	
观测值 t_1/℃					
温度计水银柱外露段高度 h(用℃表示)					
辅助温度计读数 t_2/℃					
温度计示值校正值 Δt_1/℃					
温度计水银柱外露段校正值 Δt_2/℃					
计算公式					
结晶点/℃					
结晶点平均值/℃					
相对平均偏差/%					
文献值(或参考值)					

任务考核评价 ╍╍▶ ╍╍▶ ╍▶

考核内容	序号	考核标准	分值	得分
测定准备	1	仪器选择正确(测量温度计和辅助温度计的量程、分度值)	5	
	2	冷浴选择正确	5	
	3	胶塞选择正确	5	
	4	胶塞孔径正确	5	
仪器安装	5	测量温度计、辅助温度计位置正确	5	
	6	茹科夫瓶位置正确	5	

考核内容	序号	考核标准	分值	得分
测定步骤	7	装样正确	5	
	8	搅拌冷却速率正确(60 次/min)	5	
	9	结晶点观测正确	5	
	10	再次测定操作正确	5	
	11	样品测定两次	5	
测后工作及团队协作	12	按与安装相反的顺序拆卸仪器	5	
	13	仪器清洗、归位	2	
	14	药品、仪器摆放整齐	2	
	15	实验台面整洁	1	
	16	分工明确,各尽其职	5	
数据处理及结果处理	17	及时记录数据,记录规范、无随意涂改	5	
	18	校正计算正确	5	
	19	相对平均偏差≤1.3%	20	
考核结果				

📖 **知识拓展** ·····································

焦化萘质量指标、企业生产分析报告单或产品品级判断

1. 焦化萘质量指标

见表 9-10。

表 9-10　焦化萘质量指标（GB 6699—2015）

项目		质量指标					
		精萘			工业萘		
		优级	一级	二级	优级	一级	二级
外观		白色粉状、片状结晶		白色略带微红或微黄粉状、片状结晶	白色、允许带微红或微黄粉状、片状结晶		
萘含量(质量分数)/%	≥	99.30	98.95	98.45	96.60	96.00	95.00
结晶点/℃	≥	79.8	79.6	79.3	78.3	78.0	77.5
不挥发物(质量分数)/%	≤	—	0.01	0.02	0.04	0.06	0.08
灰分(质量分数)/%	≤	—	0.006	0.008	0.01	0.01	0.02
酸洗比色/号按标准比色液	≤	2	4	—	—	—	—

2. 企业产品品级判断

见表 9-11。

表 9-11　精萘品级判断

品名:精萘　　　　产品等级:优级品　　　　产地/厂商:山西

含量≥99.8%　　　产品规格:(50.0±0.5)kg/袋　　　包装方式:覆膜＋编织

项目	检测指标
萘含量/%	99.8
色泽	白色片状
结晶点/℃	79.8
不挥发物/%	—
灰分/%	—
酸洗比色	2 号

任务总结

知识点

➢ 结晶点概念，测定意义
➢ 测定原理
➢ 冷却液选择
➢ 结晶点校正

技能点

➢ 仪器选择（温度计、胶塞）
➢ 冷却液选择
➢ 装样
➢ 测定温度控制
➢ 结晶点观测

能力测试

一、填空题

1. 结晶点是指_____，测定方法有_____、
_____和_____。

2. 双套管法测定结晶点，适用于结晶点在_____的物质测定；茹科夫
瓶法测定结晶点，适用于结晶点在_____的物质测定。

3. 当测定温度在_____℃以上，可用冰水混合物作制冷剂；在_____℃可
用食盐和冰的混合物作制冷剂；在_____℃以下可用酒精和干冰的混合物作制
冷剂。

4. 纯物质有_____的结晶点，如有杂质则结晶点会_____。因此通过测定结晶点可判断物质的_____。

5. GB/T 618—2006 规定了_____结晶点测定的通用方法。

二、选择题

1. 测结晶点时，测量温度计水银球的位置为（ ）。

A. 结晶管底部   B. 距结晶管底约 2mm

C. 距结晶管底约 15mm   D. 任意位置

2. 测结晶点时，结晶管的位置为（ ）。

A. 套管底部   B. 距套管底约 2mm

C. 距套管底约 15mm   D. 任意位置

3. 结晶点测定中，搅拌操作应（ ）搅拌。

A. 上下   B. 左右   C. 顺时针方向   D. 逆时针方向

4. 结晶管内样品高度为（ ）。

A. 10mm   B. 20mm   C. 30mm   D. 60mm

5. 搅拌冷却速率以近结晶点时不超过（ ）为宜。

A. 1℃/min   B. 2℃/min   C. 5℃/min   D. 10℃/min

三、简答题

1. 简述双套管法结晶点测定操作步骤。

2. 结晶点的测定原理及注意事项。

四、计算题

测定某样品的结晶点为 102.5℃，辅助温度计的读数是 40℃，主温度计刚露出塞外的刻度值为 65.0℃，求校正后的结晶点。

参 考 文 献

［1］ 盛晓东. 工业分析技术. 2 版. 北京：化学工业出版社，2012.

［2］ 丁敬敏. 化学实验技术基础（Ⅱ）. 北京：化学工业出版社，1999.

［3］ 谷春秀. 物理常数测定. 北京：化学工业出版社，2012.

［4］ 张小康，张正兢. 工业分析. 3 版. 北京：化学工业出版社，2017.

［5］ 王宝仁. 油品分析. 北京：高等教育出版社，2007.

［6］ 王炳强. 工业分析检测技术. 北京：中央广播电视大学出版社，2014.

［7］ 王建梅，王桂芝. 工业分析. 北京：高等教育出版社，2007.

［8］ 姜淑敏. 化学实验基本操作技术. 2 版. 北京：化学工业出版社，2022.

［9］ 朱嘉. 有机分析. 2 版. 北京：化学工业出版社，2011.

［10］ 杨新星. 工业分析技术. 北京：化学工业出版社，2000.

［11］ 谢惠波. 有机分析实验. 2 版. 北京：化学工业出版社，2007.

［12］ 张家驹. 工业分析. 北京：化学工业出版社，2006.